光 明 城
LUMINOCITY

U0336895

看见我们的未来

当代建筑思想评论＿丛书

book series of contemporary
architectural thoughts
and critiques

后激进时代的
建筑笔记

朱亦民　著

同 济 大 学 出 版 社
TONGJI UNIVERSITY PRESS

目录

现实与观点：随笔

访谈

附录

自序
在思想的迷宫中跋涉

　　这本论文集收录了笔者自 1993 年以来所写的建筑评论、历史研究、访谈和有关设计问题的随笔，共计 23 篇。作为一名建筑师，我断断续续写了不少建筑理论和历史方面的文章，部分原因是我在高校任职，承担了一些当代建筑史的讲授课程。另一方面，更主要的是因为我认为建筑决不仅仅是视觉的游戏，让人感到表面的愉悦。建筑是观念的艺术，是不同社会价值和信念的交锋在物质形态上的呈现，也是体现某些长久（如果不是永恒）价值和理想的行动。

　　在这方面历来有不同的看法。美国建筑师菲利普·约翰逊说："形式会产生更多的形式，而观念几乎对它们没有影响。"针对这个观点，彼得·柯林斯在《现代建筑设计思想的演变》的前言里指出："形式并非以机械的进展方式产生出更多的形式，恰恰是选择何种形式最为合适的那种观念，创造了特定时代的建筑。"我完全赞同科林斯的观点，因此我一直认为，对围绕建筑实践的思想观念进行辨析是建筑师工作的重要组成部分，写作和设计建造房子对建筑师同样重要。

　　我从来也没有一个宏大的现代建筑的写作计划或目标。我对现代建筑史和各种现象的思考，一开始就是为了澄清对当代建筑的各种困局的疑惑。本书收录的《惑与不惑》这篇访谈，通过对个人经历的自述解释了这个过程。作为本书的序言，我想用同样的方式，回顾这些文章写作的过程，尽可能客观地还原我的经历和思想动机。

我上大学的时间正好是1980年代中期。现在人们常常回忆说那个时候是中国的理想主义时期。作为亲历者，我不想美化拔高那个时代，可是我得承认至少我个人的一些观念受到了当时的氛围和思想的影响。1980年代无论国外还是国内建筑思想都处在一个既活跃又混乱，既跃跃欲试又缺乏方向感的时期。当时西方的理论家们总结说这是个多元化的时代。我记得那时候，就像著名的建筑师盖里曾经说的"无所谓对与错，我混乱着呢"，毫不避讳地表达对所有传统价值的蔑视，反映了那个时期的一种要摆脱束缚而导致的相对主义价值观。

1980年代初，中国正处在改革开放、走向现代化的初期。一方面，现代主义建筑在中国被批判了二十年，正处在重新输入和再教育的阶段，建筑界正在恢复现代建筑的价值观和艺术语言的正统性；另一方面，来自美国的后现代理论也进入了中国，而且相当的流行，给传统的建筑教育带来很大冲击。现在回顾1980年代可以发现，那时候中国建筑界同时处在现代主义、后现代主义、本土民族主义、精英文化和代表了改革开放的商业文

1. 波特兰市政厅，格雷夫斯，1980

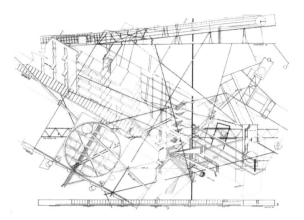

2. 柏林建筑综合体竞赛方案，丹尼尔·里伯斯金，1987

化的冲击之下。1978年，我的老师张似赞先生翻译了格罗皮乌斯的《新建筑与包豪斯》，相隔不到两三年周卜颐先生翻译介绍了《建筑的复杂性与矛盾性》。1986年，意大利理论家赛维的《现代建筑语言》和英国倡导后现代的理论家詹克斯的《后现代建筑语言》同时在中国出版。1980年代初，学生按照雅典宪章和功能主义原则做设计，追随的偶像是密斯，没过两年学院里面就开始讨论符号学和文脉主义。我在学校做作业的时候老师总是强调要先解决功能问题，可是杂志上约翰逊说现代主义那种清教徒似的功能主义只不过是借口和拐棍。随着以文丘里为代表的美国后现代主义建筑师的走红，装饰和复古又变成有思想和"创新"的标志。但是紧接着1988年所谓解构主义登场，又宣布后现代死掉了。这些潮流的变化就发生在七八年的时间里。（图1，图2）

　　整个1980年代高等教育还是典型的精英教育，只有极少一部分年轻人能进入大学。我们被告诫要自觉树立对国家未来的使命感，因此多多少少都有点自命不凡。国家在大力宣传集体主义的价值观，但同时西方的个人主义在年轻人中大受欢迎，被当成现代化和人的解放标志，人人都要追求个性。到1980年代中期建筑学院中后现代就被学生当成了一种个性化的潮流大加追捧。我相信那时候有点自我期许和反叛意识的年轻人都差不多这样。我们把现代主义理论当成过时的保守的东西，把现代建筑当靶子，认定现代主义代表了守旧和腐败的集体主义，而后现代代表了有个性，反体制。

年轻人一般充满好奇心和热情，但不怎么有判断力，不太知道哪些是时髦货色，哪些是真知灼见。我也不例外。现在想来那时候我们并不真的了解现代主义，尤其对于现代建筑在现代化当中的意义完全没有意识。我也有点怀疑我们在设计上或许不是真的明白现代建筑及其设计语言是怎么回事，连带着对后现代主义的理解也是片面的。那时候中国的建筑教育整个处在美国的影响之下，基本上现代建筑被当作一种风格对待。值得庆幸的是1980年代也确实是相对开放的年代。在"文化大革命"之后以社会学科为首出现了一个出版经典的热潮，一直延续到1980年代末。我也是这股出版热的受益者，有幸在阅读中保持了一些独立的思考。

在经历了1980年代眼花缭乱的建筑潮流以后，我产生了特别大的困惑：这些建筑师的观点和他们的设计彼此不同，甚至完全相互对立，那么建筑学中有没有一个判断对错的客观标准？或者是否有必要确立一个这样的标准？这些各不相同的建筑是怎么发展起来的？它们是怎么从最初的现代主义建筑变成今天这个样子的？在那个时候，至少到1990年代末，我在国内的出版物和书上了解的都是片段化的东西，给不出完整的答案。这是我迄今为止写了这么多文字的初衷，也是我一直对当代建筑史有兴趣的主要原因。

总体而言，我在1980年代接受的大部分是形式主义理论。无论那时候的美国式的后现代还是反后现代的解构主义，根本上都是形式主义的。我个人经历中的契机和转折来自与张永和的交往。大约在我快要大学毕业的时候，我和两个同学"发现"了在美国教书的张永和，我们很欣赏也羡慕他的设计中展现出来的空间形式的自洽和自律。1990年之后在张永和的影响下，

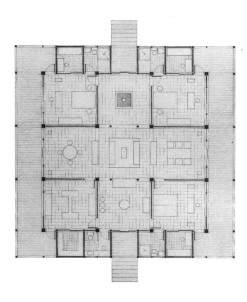

3. 德克萨斯 2 号宅平面，
约翰·海杜克，1954—1963

我开始对建筑中的叙事性问题产生兴趣。这本书中的《追求真实：关于张永和的建筑创作》和《空间·事物·事件》就写于这个阶段。其中前一篇是我写的第一篇建筑评论，刊登在非常建筑的第一本建筑专辑中，这也是我正式发表的第一篇文章。在这篇评论中我尝试从建筑设计的主客观角度对张永和的设计方法进行总结，我把他的设计归类为现象学的方法。后一篇在 1997 年完成，但从未发表过，是关于空间的本质是什么的讨论，其中张永和传达给我的叙事概念充当了一个重要角色。但这篇文章在方法上是非常古典的康德式的。那时候我确实对康德的先验理论非常感兴趣，觉得他总结的几种先验存在的范畴其实可以成为建筑空间理论的出发点。文章写完后我曾经非常自负地认为解决了现代建筑关于空间理论的认识论上的难题，但现在看也许我只不过通过一个封闭的自洽的理论游戏，翻开了一个意义存疑的问题。2000 年我去荷兰留学的时候曾一度把这个题目作为我的论文选题。

后来我才意识到我从张永和那里学习到的是来自约翰·海杜克的形式理论（图 3），他的设计方法出自英国的经验主义，跟斯蒂文·霍尔说的现象学建筑基本不是一回事。在1990年代中期，张永和向他周围的年轻建筑师推荐了很多当时欧洲的建筑师，其中包括赫尔佐格和德梅隆等人。在张永和的影响下，我的价值观和设计趣味重新转向现代主义的形式语言。这个变化也和1990年代整个建筑界的转向相吻合。我们都知道，在所谓解构主义这样一个似是而非的运动很快过去之后，从1990年代初建筑界的主流开始向现代建筑和极少主义回归。

在20世纪90年代初，全世界经历了二次大战后最重要的历史转折，就是苏联的解体和东欧社会主义集团的垮台。以柏林墙的倒塌为标志，社会主义和资本主义意识形态的对抗似乎结束了，世界进入了一个自由经济和全球化时代。中国在1992年开启全面市场经济改革，加入到了全球化当中。一般来说，大家认为1990年代以后西方建筑在自由市场经济和全球化的影响下发生了较大的变化。在建筑实践和理论中也出现了与新自由主义相对应的趋势，其中最主要的代表是库哈斯。也是在张永和的指点下，我在2000年年初进入荷兰贝尔拉格学院学习。就我个人而言，在荷兰留学的经历对我产生了重大影响。在专业思想上我脱离了古典的康德主义，从相信有绝对的真实性和超越历史的永恒价值，变为相信任何价值和意义都是历史性存在的。从相信超越价值判断的自足的艺术转向关注艺术与政治之间的辩证关系。我逐渐意识到与其研究空间的本质，不如追问空间是如何被制作出来的。

当然这种根本性的思想变化是建立在我所接触和学习到的"新"知识和经验上的。欧洲的建筑教育，或者至少当时的贝尔拉格学院，非常强调建筑的社会功能和意义，这是我之前在各种形式主义理论中不太能感受到的。我很快意识到这是欧洲现代主义的传统，和美国的现代主义非常不同。我所接触的绝大多数人和各种讨论在这个基本价值取向上一点都不含糊。这种氛围上的变化远比通过书本学习给人的触动要大得多。通过与老师和同学的交流，加上自己的阅读，我逐渐了解二战后的

1950 年代到 1970 年代初这段时间欧洲社会、文化的根本性变化和相应的建筑学的转向。通过对这段关键时期的认识，我找到了前面说的困扰我的几个问题的大部分答案。在一个更宏观的层面上，我也领悟和认识到现代建筑与现代文明的关系，也就是现代性的问题。当然最终我也看清楚现代性打碎了古典的永恒价值和稳定性，那种一劳永逸的思考方式和目标已经不存在了。

4.《超级荷兰》扉页，作者 Bart Lootsma，2000

15

另外一个我没有想到的变化，也是对我作为一个建筑师特别重要的事情，是我在荷兰耳濡目染受到了地中海文化的影响。在荷兰留学期间对我产生最大影响的不是荷兰建筑，或者说不是当时如日中天的库哈斯和他所代表的荷兰建筑，而是南欧建筑，这是我留学之前完全没有料到的。在那时候的贝尔拉格学院有不少来自南欧的意大利、西班牙还有南美国家的学生，从他们中的一些人身上，我感受到了与荷兰完全不同的气派。倾心于南欧地中海文化可能因为我来自有很长历史的大陆国家，在审美趣味上不太喜欢当时荷兰建筑的实用主义腔调。另外作为一个大龄学生，我已经见识过了八十年代的潮起潮落，对那个时候所谓的"超级荷兰"建筑（图4），尤其是一统江湖的库哈斯的都市理论天然地有些警惕和排斥。而我的论文导师伊利亚·曾格利斯是希腊人，当时他已经开始对库哈斯的新自由主义有很大的怀疑。虽然之前我在书本上也了解到欧洲传统思想中英美的经验主义哲学和德法的理性主义哲学是很不一样的，但直到在荷兰学习期间我才真正体会到欧洲文化内部的巨大差异，亲眼看到北欧新教文化及其实用主义理论与地中海国家代表的天主教传统之间是多么格格不入，甚至可以说是两个"物种"。这让我觉得用"西方文化"或者"欧洲文明"这样的大词是非

5. 比利时西布鲁格客运码头方案，库哈斯，1989

常不严谨的。这种统称很省事，可是却把如此大范围和跨度的欧洲文化和历史的复杂多样一笔勾掉，有时候会让我们看不到说不清问题的来龙去脉。那时候我虽然并没有完全体会到南欧文化中那些不言自明的东西，在关于城市问题的争论中也没有在新教和罗马天主教的价值观之间选边站，但我的倾向性还是很明显的。

2000年以后，以库哈斯为代表的荷兰建筑在中国受到狂热追捧。（图5）随着库哈斯2002年拿下中央电视台项目，这种热度已经达到万众参与的程度。由于在荷兰留学的背景，我一回国就被拉入到关于荷兰建筑的讨论和争议当中。虽然我是被动的，也不打算加入到唱赞歌的行列，但我还是很清楚荷兰建筑实践的独到之处，库哈斯建筑思想中的创见性也显而易见。我只是怀疑这些新东西跟中国的现实有多大关系。在当时的争论中看到的情况也使我觉得有必要澄清一些事实和似是而非的说法。在这个背景下，我回国不久就开始动手写一篇关于库哈斯的建筑评论。2005年《1960年代与1970年代的库哈斯》完成后发表在我主持编辑的《世界建筑》杂志荷兰建筑专辑中。这篇文章用了很大篇幅评述对库哈斯产生过关键影响的建筑师，涉及二战后现代建筑转向时期的几位重要建筑师。文章的初衷是厘清库哈斯的建筑思想的来龙去脉，为更进一步的讨论打下基础。我在文章中的一个很重要的目标是通过对库哈斯的建筑理论的分析，勾画20世纪五六十年代转折时期的建筑思想脉络。如前面所说，这一段时期是形成今天建筑状态的源头，很多现在的设计理论和想法往前追溯，都能在五六十年代找到源头。

本书中收录的另外两个荷兰建筑师和事务所的评论文章时

间间隔很长。关于维尔·阿雷兹建筑设计的评论《阴影的礼拜》写于 2002 年，最早刊载于《世界建筑》的阿雷兹建筑专辑。另一篇《通俗建筑、数据设计、作为网络和流动要素的城市》则发表于 2016 年，是为 UED 杂志撰写的 MVRDV 的评论。我觉得这一方面表明，2000 年之后建筑实践的话语没有发生大的变化，另一方面也显示了媒体建筑是我们这个时代的主旋律。

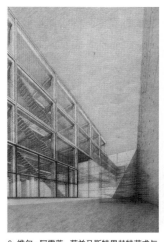

6. 维尔·阿雷茨，荷兰马斯特里赫特艺术与建筑学院研究用透视图，1990—1993

　　阿雷兹在 1990 年代因为马斯特里赫特艺术学院的设计而名噪一时（图 6），我一直很欣赏他那时的建筑作品。阿雷兹在 1970 年代受教育，和当时不少欧洲学生一样，他很仰慕意大利新理性主义。从 1980 年代初阿雷兹就站在现代建筑这条线上，采用极少主义的手法做设计。我进入贝尔拉格学院的时候他是院长。阿雷兹早年的履历表明，欧洲相当一部分地方和建筑师根本没有理会美国那套后现代建筑的理论，一直按现代主义或者地域性的现代主义的路子做设计。我在这篇评论文章中谈的是阿雷兹 1990 年代中期以前的作品和想法。不过他在 1995 年担任了贝尔拉格学院院长以后，受到库哈斯的强烈影响，设计手法和态度发生了很大变化。我在文章里提到了阿雷兹早期的态度属于"抵抗的建筑学"（Architecture of Resistance），这个说法是人们对 1970 年代激进派和像意大利新理性主义这样的左翼建筑师的立场的总结，是那个时代多数建筑师的态度。在 1970 年代之前，建筑界尤其是学院中的普遍立场是反对资本主义体制和生产方式对人的自由和文化权利或明或暗的控制和压迫。那时候的学术界左派主导话语权，主张与现实尤其是商业操作保持距离。阿雷兹在 1980 年代到 1990 年代初也站在这个立场。到了 1990 年代中期，建筑学在库哈斯的引领下向右转，建筑师的立场变成了追求"回应的建筑学"（Reactive Architecture），主张接受现实，主动参与市场。我认为阿雷兹的转变代表了相当一部分建筑师的状态，也是 1990 年代后世界建筑风向转变的一个表现。

关于 MVRDV 事务所的文章《通俗建筑、数据设计、作为网络和流动要素的城市》，实际上是一篇关于"城市是流动性要素的网络"这样一种理论的产生、发展过程和以荷兰为代表的现代规划方法的历史的综述。这篇文章的意图也是借助流行话题和建筑师的讨论，厘清一些基本的概念和理论。在城市理论和研究方面传统上有两种不同的方式，一种是把城市当成大尺度的建筑，研究构成城市的物质实体的静态关系，总结设计美的城市的原则和规律，等等。另外一种把侧重点放在城市物质实体和空间之外，研究它所容纳的各种功能和系统，也包括人群的组织和活动。MVRDV 的设计方法显然属于后一种。我引用了马克·威格利的文章，对主要起源于 1960 年代美国的这种流动的城市性理论的概况做了一个介绍。我认为评论建筑师或者作品，必须在对其设计方法和观念在专业知识体系中的位置的认识和评判的基础上展开，指出研究对象的想法是从哪里来的，指向性是什么，否则一定会陷入到脱离现实的循环论证中。我在文章里给 MVRDV 的定位是，他们属于从二三十年代的达达主义和超现实主义先锋派以及苏俄的构成主义到 1950 年代的通俗艺术这一阵营，我把它们称作通俗派。与他们对立的是属于抽象艺术阵营的立体主义和荷兰风格派以及苏联的至上主义，简称抽象派。MVRDV 的建筑表现形式是抽象的，但价值取向上与 1970 年代的后现代主义是一致的。我本人对 MVRDV 事务所的作品和设计方法存有一定的疑问，限于篇幅没有展开讨论。

本书中的《转折：十次小组与现代建筑的危机》是关于十次小组的评论。十次小组也是我认为非常重要的对欧洲战后现代建筑产生了很大影响的建筑运动。我个人一直觉得这个内容应该放在"超级荷兰"建筑之前进行介绍和讨论。2009 年在我的同事冯江老师的提议下，华南理工大学建筑学院首次在国内

举办了正式的关于十次小组的展览和学术研讨，我也参与组织
了这次活动。《转折：十次小组与现代建筑的危机》一文就写于
2009 年这次活动期间。这篇文章概括讨论了十次小组的形成和
在现代建筑转变过程中的意义。

　　本书中的《荷兰建筑中的结构主义》写于 2016 年，是应有
方负责人赵磊邀约为荷兰现代建筑的学术旅行所写的介绍和评
述。结构主义是荷兰 1960 至 1980 年代最重要的建筑学派，曾
经为荷兰战后建筑带来了巨大国际声望，也为当代建筑留下了
一批经典作品。我在荷兰学习的时候，结构主义早就被大多数
荷兰建筑师当成过时的历史古董扔到一边去了，但我个人因为
曾经有一年跟随赫兹伯格学习，对结构主义还算比较了解。结
构主义的奠基人凡·艾克同时也是十次小组的核心成员和主要创
始人之一，因此可以把结构主义建筑看作十次小组的荷兰分支。
我的老师赫兹伯格曾经说他自己是十次小组的产物，也是这种
关联的一个证明。

19

　　我一直认为结构主义尤其是十次小组对中国建筑师的实践
有非常重要的参考价值，中国建筑和城市的发展应该好好学习
欧洲战后建设福利社会的模式。在 2003 年的时候，我感觉中国
所处的社会发展阶段和状态跟二战后 1950 年代的欧洲非常接近。
那时我怀着很简单朴素的想法，认为和各种新的思潮相比，十
次小组的理论更有实际意义，中国建筑师应该多借鉴十次小组
的城市设计理论和方法，哪怕就按照十次小组创造出来的模式
和类型做设计，也不应该跟着流行趋势跑。2005 年在为《世界
建筑》编辑荷兰建筑专辑的时候，我特意书面访谈了已经"过
气"多年的赫兹伯格。这篇名为《短长书》的访谈也收入了本
书。在赫兹伯格的回复中他直言不讳地批评了当时的"超级荷兰"
现象，认为其中存在盲目追求形式，徒有其表的危险倾向。但
是后来我很快意识到中国并不是个福利导向的国家，城市的扩
张和建设、经济的快速发展和财富的聚集只是和二战后的欧洲
表面上相似，因此在中国的现实条件下按照十次小组的方法进

行建筑实践基本上是不可能的。

要是按照前面说的所谓北欧新教和南欧天主教的划分，十次小组肯定应该算作北欧新教文化这一系。我虽然在审美上站在地中海文化这一边，但十次小组是我最认同的新教或者说盎格鲁 - 撒克逊传统的建筑运动。直到今天我仍然认为应该把十次小组在现代建筑发展转变过程中的作用梳理清楚。十次小组与今天的一些设计思想的传承关系是很明显的。稍微了解一点这段历史的人都能看出来，现在一些所谓新的概念和形式其实发源于十次小组。举一个具体的例子，目前大家很熟悉的"地毯式建筑"（Mat Building）就是十次小组的发明。

另外十次小组不仅仅是个学术问题。因为它所处的特殊关键的历史时期，对十次小组的了解关系到建筑学专业的知识体系的正当性。只要我们还关心建筑的社会价值和作用，只要我们还认为城市是为所有人提供庇护，让所有人平等发展的场所，那就不可能对十次小组的历史意义和遗产视而不见。

《现代性与地域主义》是关于弗兰姆普敦的《批判的地域主义》一文的读书笔记，不过基于中国的语境，这篇文章有普及基本常识的目的，也有纠偏的用意。文章主要从现代性和西方启蒙运动的基本概念解释和讨论弗兰姆普敦的理论和观点，我认为这也是弗兰姆普敦的出发点。在中国的学术界，大家说起弗兰姆普敦的批判地域主义理论，总是习惯性地强调地方性这一面，从传统和地域文化这个角度去解读它的原则。实际上弗兰姆普敦是从分析自启蒙运动开启的现代化和现代性的进程入手，从文明和文化的关系开始，历史地定义地域主义的。在文章里他还特别强调了当代地域主义实践的现实条件和前提，尤其是政治和社会的机制。显而易见弗兰姆普敦的地域主义不是一种风格理论。不看清楚这一点，难免把地域主义庸俗化，当成传统形式的某种复兴。我在文章里也特别说明了弗兰姆普敦归入地域主义建筑的实例中有相当一部分从形式上看恰恰不是传统的。

我一直觉得，不能从现代性的高度观察和研究建筑问题是个很糟糕的事情。这也是传统的东方／西方、传统／现代这样的对立、僵化、庸俗的思考模式和各种伪命题在我们的讨论中挥之不去的重要原因。在中国现在的社会文化规则里，传统形式成了一种天然的政治正确，可是实际上却与现实生活没有任何关系。今天很多人已经明白现代化并不是地理概念，而是时间性的。我们应该更清醒地认识到从中国的传统文化里培养不出现代性。

我从来也没有一个宏大的现代建筑的写作计划或目标。对现代建筑史和各种现象的研究，如一开始说的，是为了澄清我对当代建筑的各种困局的疑惑。说到底，我还是以建筑师的角色在做思想史的梳理。建筑绝不仅仅是视觉的游戏，让人感到表面的愉悦。建筑是观念的艺术，是不同社会价值和信念的交锋在物质形态上的呈现，也是体现某些长久（如果不是永恒）价值和理想的行动。这是我一直没有改变的观点。

本书中收入的另一类文章是对今天中国建筑文化和社会现实问题的分析批判。《从香山饭店到 CCTV》选取 1980 年代初改革开放刚开始时和 2008 年奥运会这两个标志性阶段，以这两个时间点的两个著名建筑师完成的建筑作品为样本，切入分析中国改革开放时期建筑文化与社会变革之间的关系，指出中外建筑思潮由于各自所处的历史阶段和面对的急迫现实问题的差异而导致的错位的关系。这篇文章是应香港大学的朱涛老师邀约，为《今天》杂志 2009 年的中国建筑专辑写的文章。香山饭店因为出现在特殊的历史时刻，也因为贝聿铭的特殊位置和身份，提供了一个非常好的例子，来揭示传统与现代这对概念背后文化、政治和美学目标之间的矛盾冲突，显示出建筑与观念之间决定与被决定的复杂关系。

由于我本人担任教学工作，要向学生讲解现代建筑是怎样形成的，它和现在的设计方法和原则是什么关系，在阅读及和学生的交流当中也累积了一些想法。本书中《现代建筑的写作者们》和《现代建筑形式语言的 5 个基本范型》是针对建筑系本科生和研究生写的两篇文章，分别解释了几种主要的现代建筑史观和建筑设计的基本模式。

　　本书的第三部分是我近些年针对在国内实践中碰到的问题所写的文章。《一种现实》的第一部分最初发表在《城市建筑》。这个系列表达了我个人对于社会、文化和建筑问题的总体观点。《我们画的是施工图吗》和《碎·灰空间·完成度》这两篇针对的是工具问题。前一个涉及图纸生产和建筑产业中的权力制度，后一篇是关于我们日常使用的词语内涵和外延的辨析。我们的职业和专业体系来自西方，处在工具理性主义的制约之中，对工具的分析在建筑学思想中也同样具有核心意义。我们的职业语言和话语习惯最直接地揭示了我们这个专业的问题症状，也决定了我们如何思考。

　　最后我想解释一下本书的书名。"后激进时代"这个说法来自 1960 年代以后当代建筑发展的普遍状态。我们知道，西方国家在二战后随着建设福利国家目标的确立和实施，整个社会和文化以及权力结构经历了一个巨大变化。以 1968 年法国巴黎的政治抗议运动"五月风暴"为标志和分水岭，人们习惯上把1950 年代和 1960 年代称作西方社会的"激进时代"。在建筑领域中，从 1950 年代初开始，现代建筑也经历了一个大的转向。同样是在 1960 年代，以英国的 Archigram 为开端，各种激进的建筑社团和组织纷纷涌现，对传统的现代主义理论和原则进行质疑和批判，并且确立了新的范式和话语体系。1960 年代也是建筑中的"激进时代"，这个激进时代中涌现出来的思想和价值观念限定了当代建筑实践的走向。马尔格雷夫（Harry Francis Mallgrave）在他的著作《现代建筑理论》中指出，不论人们把（1968）这一年当成是现代建筑理论终结的开端，还是一个收缩和理论重估的时期，一个不争的事实是建筑理论再也不是原来的样子了。那个时候产生了一些新的颠覆性的思想，包括对于文化和城市的认识。我的观察是，到目前为止，这些思想和范式还是我们从事建筑设计的参照体系，它们依然构成建筑设计的知识体系的有效原型。本书中收入的《1960 年代与 1970 年代的库哈斯》就显示了当代建筑师的思想和实践与激进时代的传承关系。

"后激进时代笔记"这个名字"抄袭"了意大利建筑师和设计师安德烈·布朗奇（Andrea Branzi）在 1970 年代 *Casabella* 杂志上的专栏"激进笔记"（Radical Notes）。我在贝尔拉格学院学习的时候曾经聆听过布朗奇的指导，受到很大震动。布朗奇是思想家，他在 1970 年提出的无终止城市方案刻画和揭示了资本主义体系的本质和基本逻辑。布朗奇也是 1960 年代激进建筑运动的重要参与者。

"后激进时代"这个说法还暗示和表达了这样一个判断，就是传统的"东方和西方"这样的分类法或者范式或许已经失效了。自从 1992 年开始市场化改革之后，中国社会进入从传统计划经济体系向市场经济体系过渡的进程，我们的文化也不可避免地加入到现代化进程中。现代性的问题再也不是 1980 年代那种离我们很远的抽象观念和知识，而是进入我们的日常生活变成了一种切身经验。在这个全球化的时代，应该用"他们和我们"这样的概念来代替"西方和东方"。作为中国建筑师，不管采取什么样的态度和立场，客观上我们也是在回应"激进时代"的建筑思想。

感谢同济大学出版社北京出版中心光明城的秦蕾和本书的责任编辑李争女士，本书的出版有赖于她们的耐心和付出。

朱亦民

2018 年 3 月 15 日

23

历史与理论

空间·事物·事件

由于现代建筑是建立在关于空间的理论和价值体系之上的，因此，在建筑学中"空间"这一概念是在什么意义上被使用的，以及空间与人的关系问题是至关重要的。

1

有两种意义上的对空间的理解。

一是指我们生活于其中的现实世界，具体的空间则与实体相对应，含有围合的意思。二是指抽象的、几何学意义上的空间。前者与我们的日常经验相联系，后者则是我们头脑中的产物，是纯粹主观的，但两者之间的联系是显而易见的。

当我们最终把建筑定义为一门关于空间的学科时，或者当我们说"建筑是一门空间的艺术"时，我们显然是在直观的、日常经验的意义上谈论空间。但是由于近代科学的理性主义思想的影响，当建筑师把空间当成思考的对象时，空间不可避免地成为一种孤立的、与实体相反的客观事物。在建筑师的思想中，空间与实体成为像数学中的正数与负数那样的一对矛盾，既失去了日常经验的朴素性质，又无法在科学的理性思想中升华，得到一个确定的、非形而上学的关于空间意义的解答。

2

但空间并非是一种客观事物，这是我们从直观经验中得出的认识。

如果要把空间和现实世界中的事物做一个比较的话，我们所能想象出的最接近空间本身的例子就是色彩：色彩不指任何事物，又存在于任何事物之中。即使如此也还没有说明空间的全部意义，因为空间甚至（从理性意义上说）并不孤立地作为一个现象呈现给我们的意识。

3

日常经验的空间与作为思考对象的空间之间的关系，就像现实世界中的一段木头与我们把这段木头画上刻度改变成的一把尺子之间的关系。我们的头脑中能思考的是尺子，而不是一段木头。一段木头只能被感觉而不能被思考。尺子是因其可以测量其他东西而有其自身意义，而成为尺子的。木头变成尺子，其作为木头的性质已经不存在或无关紧要了。

这看起来是矛盾的，但如果空间不是事物，那么我们是如何认识到它，或者空间是怎么"呈现"给我们的意识的呢？我们能不能既在理性意义上又在日常经验的意义上对空间的意义问题做出一种认识论的解答呢？

4

如果上面的思考产生了矛盾的话，那是我们自己思想中的某些根深蒂固的观念造成的。

主观与客观：试想一个人思考一个客观对象，比如一只猫，为了得到客观的认识，他必须在头脑中把作为思考主体的"我"铲除出去，而把这只猫当成与他的意识无关的客观存在。只有这样我们所得的认识才是真实有效的。但这种认识方式排除了另外一个事实：感觉的主体（我）与被感觉的对象（猫）之间的关系。任何一只猫都和我们对这只猫的意识（视觉、回忆、想象、思考）密不可分。因而孤立的、与认识主体无关的对象在日常经验的范畴中对我们的意识来说是毫无意义的，它根本不可能存在于我们的意识中。任何一只猫都和我（或你、或他，等等）看到（或想象到）的一只猫是同一个意思。

时间：日常经验中的时间是不可逆的，而且与空间密不可分，但遗憾的是我们常在无意识之中忽略这一基本事实。

科学根植于现实世界。科学的最初来源都是感觉经验，但经过人的头脑加工之后，成为不以人的经验为转移的客观知识。近代科学的理论为我们描绘了一幅现实世界中的图像。其中世界由各个不同的系统组成，互不关联，各自按自己的法则运转。作为认识这个世界的主体的人，也是这个客观世界的一部分，受科学规律的支配。科学的真理被认为是脱离了人的主观局限性的认识，这种观念潜在地支配着我们的头脑。

建筑师用这种科学的眼光看待现实世界中的建筑，因为现实中的建筑是静止的，所以时间和空间也就是各自独立的。时间变成了类似于物理学中抽象的时间，具有可以重复经历而不改变的性质。空间转化成为笛卡尔坐标中的三维系统。这就是前面所提到的把空间当成孤立的客观事实的态度。

5

哲学家维特根斯坦（Ludwig Wittgenstein）在《逻辑哲学论》（*Logisch-Philosophische Abhandlung*）中提到了一种新的对于现实世界的认识的基本态度，"世界是事实的总和"。这和大多数人所认为的世界是由各种不同的事物组成的完全不同。事实，包含了事物发生的过程，也即时间。维特根斯坦的目的是要在语言和现实世界之间建立一种基本的对应关系，从而把对现实世界的认识问题转化为语言和逻辑的问题。其跨越主观和客观的认识论鸿沟的方法就是把理论的出发点建立在人的基本经验事实上。如果我们试图建立一个合乎实际的空间意义的认识，就必须重新审视人与现实世界的关系，重新构思我们对现实世界的描述。

6

　　事件是与维特根斯坦所说的事实类似的一个对现实世界进行描述的基本概念，它既包括了主观（人），也包括了时间（发生的过程），而且与空间的因素（地点）有关。

　　如果我们不是仅仅以狭义的、文学上的定义来理解事件，那么事件就不只意味着一个起因、发展的过程和结果这么一个完整的程序。对事件的定义从时间的跨度上和空间的范围上都取决于具体的人的意识，一个事件可以仅仅是某个人的一个动作，也可以是一个国家的兴衰史；可以仅仅是某个科学家的一次实验，也可以是某个年轻人的一个梦。

7

　　那么空间与事件的关系又是怎样的？

　　按照通常的理解，事件包含了比空间更多的东西——事件"大于"空间。这似乎是理所当然的。但如果我们要从认识论的角度出发，对空间的意义问题进行考察的话，就必须保持认识上的一致性。当我们说事件"大于"空间时，一定必然意味着事件中所包含的某些东西是在空间之外的，但这是违背我们的直观经验的。只有当我们把作为事件的主体的人和时间因素一起与空间割裂开的时候，这种说法才是成立的。因此，空间与事件之间的关系类似于维特根斯坦所说的简单事实与逻辑的子命题之间的关系，它们之间存在着一一对应的关系。空间是通过事件"呈现"给我们的——空间即事件。

8

　　在得到了上面的结论之后，我们已经得到了某种"新"的关于空间意义的解释。这种理解跨越了认识论中的主、客观的鸿沟，但又没有求助于其他经验科学（如心理学）。这是以前建筑中的空间理论所没有达到的。尽管如此，必须承认这一论断从某种意义上说是在经验的领域中用另一种形式重复了德国哲学家康德（Immanuel Kant）的空间理论。

　　尽管建筑学作为一门经验学科，认识论上的问题不会像在哲学这样的纯粹理论学科中那样对思想的大厦产生颠覆性的影响，但由于对空间这一基本概念的认识的不确定而带来的思想上的混乱是非常明显的。如本文所分析的那样，由于在直观的、日常经验的态度和科学的理性态度之间的摇摆不定，建筑师要么转向心理学、社会学领域中追求空间与人的联系，要么在纯粹形式范畴中讨论空间的问题——这样建筑的问题就转化为抽象的造型问题。因此为了给建筑思想的大厦提供一个哪怕是暂时的稳定的支点，我们也必须像康德在 200 年前说的那样，来一次"哥白尼式"的认识论上的革命。

　　（写于 1997 年）

现代建筑的写作者们

现代建筑的第一代理论家中非常有影响力的一位是吉迪恩（Sigfried Giedion）。他的《空间·时间·建筑》（*Space, Time and Architecture*）出版于 1940 年，是对现代建筑实践的总结，对现代建筑思想的传播起到了很大推动作用，被认为是里程碑式的著作。这本书先后增补和修订了 5 次，到 1960 年代初已再版 13 次。在那时，很多建筑院校把《空间·时间·建筑》当作现代建筑史的教材。

吉迪恩先是学习工程学，后又研究艺术史，在 35 岁时才对现代建筑发生兴趣。他的艺术史研究方向是巴洛克建筑。巴洛克建筑的基本特征是空间的复杂性，因此吉迪恩对现代建筑的总结也是从空间入手的。吉迪恩相信，在剧烈变化和混乱无序的现实世界以及纷繁复杂的当代文化和艺术潮流中蕴含着一种时代精神，建筑师的任务就是揭示这种一致性，以及时代施加于所有人的共同的感受，这也是他写《空间·时间·建筑》的出发点。这一点显然来自启蒙运动的进步的历史观和黑格尔（G. W. F. Hegel）关于时代精神的论断。吉迪恩认为现代建筑区别于以往建筑的基本特征是空间的通透性（interpenetration），这个特征同时表现在 19 世纪的工程技术和新结构形式之中。他把现代建筑的空间观与爱因斯坦的相对论联系起来，把现代建筑的基本特征归纳为三维空间加上时间向量构成的所谓"四维"空间。在吉迪恩看来这是现代建筑有别于其他时代的根本特性。吉迪恩的这个观点应该说相当牵强附会，受到很多人质疑。彼得·柯林斯（Peter Collins）在《现代建筑设计思想的演变》（*Changing Ideals in Modern Architecture*）一书中对此做出了颇有说服力的剖析。

吉迪恩只比勒·柯布西耶（Le Corbusier）小一岁，但他是柯布忠实的追随者。据说吉迪恩转向现代建筑理论的研究和结识柯布有直接的关系。在他的《空间·时间·建筑》中，吉迪恩有意识地排除了与柯布西耶持不同见解的德国表现主义建筑师如门德尔松（Erich Mendelsohn）等的作品。吉迪恩后来成为国际现代建筑协会（Congrès International d'Architecture Moderne, CIAM）的主要发言人，他和柯布一起把像雨果·哈林（Hugo Haring）这样的持北欧浪漫主义立场的建筑师排斥在外，这也是现代建筑会议中的一桩公案。雨果·哈林在给他的学生汉斯·夏隆（Hans Scharoun）的信中这样写道："CIAM 就是柯布西耶和吉迪恩。柯布西耶是几何学的支持者，在他所关心的事情上他总是正确的，但对我们来说这毫无意义。吉迪恩是犹太人，一个宣传家，根本没有良知可言。"[1]吉迪恩在 1968 年逝世，著名的"五月风暴"正发生在这一年，标志着西方现代性的根本转向和过去时代的结束。

在讨论现代建筑早期状况的时候一般会提及美国人希区柯克（Henry-Russell Hitchcock）。他和菲利普·约翰逊（Philip Johnson）一起在 1932 年于纽约现代艺术博物馆（MoMA）组织了现代建筑展，并写了《国际风格——1922 年以来的建筑》（*The International Style: Architecture Since 1922*）一书，把欧洲的现代建筑思想输入到美国，实际推动了现代建筑在美国建筑实践中的普及。不同于欧洲大陆，希区柯克和约翰逊去掉了现代建筑中的意识形态色彩和社会主义乌托邦的观念，把现代建筑的起源归于 18 世纪末期的画境观念以及更早的哥特式建筑，强调现代建筑是一种适应时代要求和技术变革的新的艺术风格，就像之前的巴洛克、文艺复兴和哥特式一样。这种对历史中的政治和意识形态因素的漂白反映了美国社会相对于欧洲的特殊性。

奠定现代建筑思想的重要理论家还有英国的尼古拉斯·佩夫斯纳（Nikolaus Pevsner）。他的《现代设计的先驱者——从威廉·莫里斯到格罗皮乌斯》（*Pioneers of Modern Design: From William Morris to Walter Gropius*）把19世纪中后期的英国尤其是拉斯金和莫里斯倡导的艺术与手工艺运动作为现代建筑的起点，认为艺术与手工艺运动是现代建筑思想的功能主义基本原则和道德核心。他认为莫里斯提出了一个决定20世纪艺术命运的大问题："如果不是人人都能享受艺术，那艺术跟我们究竟有什么关系？"[2] 因此莫里斯是20世纪真正的预言家，也是现代运动之父。这个观点与吉迪恩和希区柯克有很大的区别。佩夫斯纳以是否承认和接受现代机器文明作为衡量现代建筑先锋派的标准，他很准确地把柯布西耶排除在现代建筑先驱者的行列之外，认为沙利文（Louis Henry Sullivan）、赖特（Frank Lloyd Wright）、瓦格纳（Otto Koloman Wagner）、路斯（Adolf Loos）和凡·德·费尔德（Henry van de Velde）是19世纪末20世纪初的现代建筑的先锋。虽然佩夫斯纳也注意到了现代绘画在19世纪末期和20世纪初期的革命性变化及其对现代建筑的重要影响，但相对于吉迪恩和希区柯克以艺术语言、美学、技术为核心的理论，佩夫斯纳的观点更多关注现代建筑思想的伦理和社会意义。可以说某种程度上佩夫斯纳倡导的是一种原教旨主义的功能主义。

在1930年代还有一位重要的历史学家——奥地利人埃米尔·考夫曼（Emil Kaufmann）。他的主要著作是《从勒杜到柯布西耶》（*From Ledoux to Le Corbusier*）。这本书是关于法国18世纪建筑师勒杜（Claude Nicolas Ledoux）的研究，考夫曼把柯布西耶的设计思想和勒杜的古典理性主义联系起来。当时鼓吹现代建筑的建筑师和理论家几乎没有人会把现代建筑与它的对立面和斗争的对象古典主义联系起来，因此考夫曼的观点并没有得到多数人的认同，在很长一段时间处于默默无闻的状态。考夫曼是犹太人，在纳粹上台之后被迫流亡美国。他的想法在 1940 年代被柯林·罗（Colin Rowe）所继承，逐渐形成一种形式主义的美学理论，对 1970 年代之后的建筑理论和实践产生了深刻影响。更重要的是考夫曼实际上把现代建筑的起源放在 18 世纪的启蒙运动，这是非常有洞察力的观点，这个立场被大多数后来的现代建筑的研究者采用，比如弗兰姆普敦（Kenneth Frampton）、彼得·柯林斯等。有一些学者如曼弗雷多·塔夫里（Manfredo Tafuri）虽然把现代建筑的起源往前推到文艺复兴时期，但都承认启蒙运动与现代主义之间基本的内在思想关联。

现代建筑的危机在二战后凸显出来，1940 年代末期，英国的建筑界开始对现代建筑的功能主义原则进行反思。雷纳·班纳姆（Reyner Banham）1963 年出版了他的博士论文《第一机器时代的建筑设计》（*Theory and Design in the First Machine Age*）。在这部著作中，班纳姆对现代建筑的发展做出了新的解释，试图从现代运动中的先锋派那里找到革新的动力。班纳姆继承了吉迪恩对现代技术的强调，他把现代建筑的重心放在颂扬机器文明、拒绝传统形式的未来主义和以富勒（Richard Buckminster Fuller）为代表的技术派上，声称富勒的未来住宅模型（图 1）和柯布西耶的萨伏伊别墅一样代表着未来建筑的范式。班纳姆对现代科技抱有乐观的态度，这可以看作是一种英国的传统，一直可以追溯到 1853 年的水晶宫。因此毫不奇怪他是 1960 年代的先锋派建筑小组阿基格拉姆（Archigram）的鼓吹者。由于班纳姆的影响，在 1960 年代形成了一种新的风气，建筑师不再把建造房子当成最重要的事情，理论探讨被看作是比建筑实践更重要的工作。班纳姆的老师正是佩夫斯纳，可他的理论出发点与佩夫斯纳完全相反。

班纳姆曾撰文为受到很多学者抨击的洛杉矶的郊区化辩护。这个立场和当时的一些建筑师和理论家相似，是一种所谓"接受现实"的态度，是对现代主义的精英主义的反驳。在 1950 年代，班纳姆参与了伦敦一群年轻的艺术家、建筑师和评论家组成的

1. 富勒，未来住宅模型

学术团体，这个团体后来被称作"独立小组"，其中包括艺术家亨德森（Wiger Henderson）、保洛齐（Edwardo Polozzi）、史密森夫妇（Perter & Alison Smithson）等人。他们受到来自美国的流行文化和技术的影响，对现代主义抽象艺术中所包含的绝对美的观念进行抨击，提倡从社会学和人类学角度对现代文明进行解读，他们被认为是英国通俗艺术的发起者。有些西方学者把《第一机器时代的建筑设计》当作《空间·时间·建筑》之后的第二代现代建筑史教科书。

同样来自英国的柯林·罗在 1947 年写了《理想别墅的数学》（The Mathematics of the Ideal Villa）一文，他在其中对比了柯布西耶的别墅与文艺复兴后期帕拉第奥设计的别墅平面网格的相同之处，把柯布西耶的设计方法和文艺复兴后期帕拉第奥手法主义联系在一起。这个想法来自埃米尔·考夫曼。结合 1960 年代、1970 年代西方思想界对启蒙运动的科学理性及其进步的历史观的批判以及对乌托邦与极权主义之间关系的反思，罗在《拼贴城市》（Collage City）一书中对现代建筑中来自启蒙运动的乌托邦主义进行了批判。《拼贴城市》的基本观点是反乌托邦思想，可以很明显看到此书的理论与 20 世纪七八十年代后现代主义文化理论所持的西方宏大叙事的死亡观点之间的共鸣，反映了时代的变化和现代主义及其源于启蒙运动的思想和价值观的危机。《拼贴城市》被 1970 年代末、1980 年代初主要受美国文化影响的所谓通俗后现代主义者（弗兰姆普敦语）利用，来为复古主义和商业通俗艺术摇旗呐喊，但这本书的气质相当程度上仍然植根于先锋派，比如达达主义的激进艺术观点。

《拼贴城市》并不是一本建筑史书，尽管其中讨论和重新阐释了很多历史和现代建筑的案例。罗是一个自由主义者，深受以赛亚·伯林（Isaiah Berlin）的影响。他在书中的所谓"狐狸"和"刺猬"的说法直接来自伯林（"刺猬只知道一件大事"，意指理性主义者；"狐狸知道很多事情"，意指经验主义者）。罗一方面秉持了英国的注重实证的经验主义（这是他写《理想别墅的数学》的基础），另一方面对纪念性在建筑学中的重要性似乎有一种直觉。他是一个经验主义的帕拉第奥主义者，或者说"尊重刺猬的狐狸"。

（写于 2009 年）

注释

1. Eric Mumford. The CIAM Discourse on Urbanism 1928—1960.The MIT Press, 2000: 163.
2. 尼古拉斯·佩夫斯纳. 现代设计的先驱者——从威廉·莫里斯到格罗皮乌斯. 王申祜译. 中国建筑工业出版社，1987：4.

现代性与地域主义
解读《走向批判的地域主义——抵抗建筑学的六要点》

在世界各地，人们看到的是同样糟糕的电影，同样的赌博机，同样的没有选择的粗鄙的塑料和铝合金制品，同样的出于宣传目的被扭曲的语言。人类在全体一致地拥抱一种消费文化的同时，也全体一致地停顿在一个低劣的文化水平上了。

——保罗·利库尔 (Paul Ricoeur)[1]

有一种至关重要的体验方式——对空间与时间、自我与他者、生活的可能性与风险的体验，这是今天全世界的男男女女所共有的。我将这种体验的实质内容称为"现代性"。成为现代的，就是要在一种使人指望冒险、权力、享乐、成长、改变自我和世界的环境里找到自我——与此同时，这也有可能毁灭我们拥有的一切、我们知道的一切、我们现在成为的一切。现代的各种环境和各种体验跨越了地理与种族、阶级与民族、宗教与意识形态的一切便捷；在这种意义上，可以说现代性把全人类团结起来。它把我们全部都倾倒进不断的分裂与复苏、斗争与矛盾、模棱两可与极度痛苦的巨大的破坏性力量之中。

成为现代的，就是要成为一个宇宙的一部分，如马克思所说，在那个宇宙里，"一切坚固的东西都烟消云散了"。

——马歇尔·伯曼[2]

《走向批判的地域主义——抵抗建筑学的六要点》[3]（Towards a Critical Regionalism: Six Points for an Architecture of Resistance, 以下简称《批判的地域主义》）写于 1980 年代初。弗兰姆普敦在这篇文章中，从社会发展和当代文明总体状况的角度出发，总结了启蒙运动以来现代建筑的发展变化。针对当时建筑实践的现状，提出与早期现代主义运动中的先锋派态度相对应的，从具体的地方文化和社会、政治诉求出发的建筑实践策略，以此对抗西方建筑 1960 年代之后日益缺失的批判性和城市空间被商业利益主宰的现实。弗兰姆普敦沿着这个方向，在 1980 年代以后继续探讨基于现代技术文明基础之上、同时又符合人的精神整体性发展的建筑实践的可能性，并把主题锁定在建构形式，1990 年代写成了《建构文化研究——论 19 世纪和 20 世纪建筑中的建造诗学》（*Studies in Tectonic Culture: The Poetics of Construction in Nineteenth and Twentieth Century Architecture*）一书。

这篇文章在当时的建筑理论界和建筑师当中引起了强烈反响，弗兰姆普敦的观点和他同时期出版的《现代建筑：一部批判的历史》（*Modern Architecture: A Critical History*）一起，在思想上抵制了当时甚嚣尘上的后现代建筑潮流。在建筑思想最近 30 年来的变化中，弗兰姆普敦的著述显示了强大的生命力和历史洞见，它丰富了当代建筑理论，也为我们提供了重要的价值参考。对中国建筑师来说，弗兰姆普敦的历史和理论研究既是了解现代建筑思想和当代世界范围内建筑实践状态的重要渠道，也是我们观察和判断云谲波诡的现实的方法和武器。

本文将对《批判的地域主义》中所涉及的主要理论问题和历史现象进行解读，对涉及现代建筑史和文化理论的基本概念做一般性介绍和分析，评价弗兰姆普敦关于建筑理论和历史的基本观念，以及支撑其理论思辨的参照体系。本文希望澄清这样一个事实：弗兰姆普敦的批判的地域主义并不是以反对现代主义的基本价值观为前提的，他从未把地方传统和现代性对立起来，恰恰相反，弗兰姆普敦所提倡的批判的地域主义的实践是世界性的，是现代主义思想在当代条件下的发展和延续。他反对罔顾现代技术的发展和政治体制变化，片面孤立地强调乡土主义和传统价值的立场。那种假装一切都没有改变、照搬过去或任何乡土建筑的形式的做法，都和批判性及批判的地域主义没有关系。

1. 启蒙运动、现代性和现代化

《批判的地域主义》按照文中的六个观点分为六节。第一节从文化与文明的关系出发讨论了现代建筑实践的危机和问题，也即当代技术文明中的工具理性和实用主义渗透到建筑当中，导致当代建筑文化丧失了古代文明中的整体性，使文明和文化之间产生了尖锐的矛盾。第二节讨论了现代建筑运动中的先锋派与启蒙运动以来的现代化进程的关系，进而指出1960年代以来西方的建筑实践日益成为资产阶级文化和社会发展的附庸，丧失了其批判性。第三节通过历史分析，从批判的地域主义这一概念出发，提出一种不同于启蒙运动的乌托邦主义的文化战略。弗兰姆普敦在此区别了狭隘的地方性和乡土风格与批判的地域主义的本质上的不同，并从理论上阐释批判地域主义的方法，最后以丹麦建筑师伍重的巴格斯瓦德教堂为例，阐释文化与文明在实践中如何达成一种平衡。第四节通过"场所—形式"这样一个现象学的概念，一方面批判了现代城市文明所导致的居住空间的异化和人的精神疏离，以及某些建筑和规划理论中的反城市反公共性的本质，另一方面肯定"场所—形式"概念中蕴藏的对抗并矫正这些问题的潜在可能性。第五和第六节指出建筑设计与地形、环境、气候、光线等自然要素的关系，强调建筑的构造形式在建筑学思想中的核心地位，倡导恢复人与环境的更具体更紧密的联系。

从文章的结构我们可以发现，弗兰姆普敦的论述完全建立在对启蒙运动以来现代化和现代主义思想与社会文化状况的关系的分析之上。他在文章开头引用了法国哲学家保罗·利库尔（Paul

Ricoeur) 关于全球文明与地域主义之间关系的论断: "全球化的现象, 既是人类的一大进步, 又起到了某种微妙的破坏作用。它不仅破坏了传统文化, 这一点倒不一定是无可挽回的错误, 关键是破坏了我暂且称之为伟大文化的'创造核心', 这个'核心'构成了我们阐释生命的基础, 我将称之为人类道德和神话核心, 由此产生了冲突。我们的感觉是: 这种单一的世界文明正在对创造了过去伟大文明的文化资源起着消耗和腐蚀的作用……于是, 我们遇到了从不发达状态中崛起的民族所面对的关键问题: 为了走向现代化, 是否必须抛弃使这个民族得以存在的古老文化传统……这就是我们的迷: 如何既成为现代的又回到自己的源泉; 如何既恢复一个古老的沉睡的文化同时又能参与全球文明。"[4] 这段话可能是讨论资本主义全球化和地域性、殖民主义等话题的时候引用最多的。在中文语境中最容易引起共鸣的是, 保罗·利库尔似乎是站在不发达国家和非西方文化的立场上论述西方现代文明与非西方文化的关系, 从而把对这段话的理解引向东西方文明冲突这个话题。而事实上我们看到, 在西方国家, 传统与现代同样是一个充满矛盾和争议的话题, 甚至比非西方文明国家表现得更为激烈。弗兰姆普敦用这段话开门见山地表明了, 他要从现代建筑与现代化之间的关系来分析现代建筑思想的变化和问题, 他的核心观点和结论都来自对现代建筑与资产阶级当代文明的矛盾关系的分析。而保罗·利库尔的这一论断中所隐含的话题和观点构成了弗兰姆普敦的历史和建筑理论批判的核心架构和出发点, 若不了解这些观点就无从理解弗兰姆普敦在这篇文章中所构建的理论体系的指向性及其现实意义。

这里有必要指出来, 弗兰姆普敦文中 (也包括他的其他著作) 所涉及的启蒙运动、现代化与现代性、先锋派与资产阶级文化的关系、批判性的衰落和抵抗的建筑学, 等等, 对中国读者来说都是陌生且不太容易把握的。中国当代社会现代化的路径和西方差异巨大, 我们对西方 18 世纪中期的启蒙运动, 以及对现代性的理解缺乏共同的历史经验和现实情感上的认同。文中出现的一些在西方文化和社会学理论中的术语，如工具理性、实证主义（positivism）、手段—目标、启蒙、乌托邦、解放（emancipation）、进步、媚俗艺术（Kitsch），等等，构成了弗兰姆普敦（也是当代西方学术研究）的理论背景，但是对我们来说是比较陌生的。从某种意义上说，弗兰姆普敦的这篇文章，包括其产生广泛影响的《现代建筑：一部批判的历史》，都是在处理启蒙运动在建筑学领域中所留下的历史问题和遗产，以及探讨解决的对策。因此有必要首先从启蒙运动和现代化历史的角度对文章中的基本概念进行梳理，以便了解文章的知识背景、问题框架和理论意图。

欧洲文明自 16 世纪起以自然科学为先锋，在知识领域首先突破了中世纪神学的桎梏。到 18 世纪中期，已经在社会、政治、文化思想领域形成了一种革命性的观念，即以人的存在价值为核心，并将其作为衡量一切价值的尺度。人类的终极目标不再是上帝的天堂，而是对自由、平等和个人幸福的追求。这个宣扬摆脱神学的枷锁，敢于运用自身的理性，追求人的平等、自由和解放的思潮被称作启蒙运动。启蒙运动在政治上直接导致了 1789 年的法国大革命，它也是人类历史上导致资产阶级替代封建君主和宗教神权成为社会统治阶层的思想运动。

启蒙运动的思想家们用进步的历史观取代基督教神学的上帝并将其作为价值的源泉，他们将"进步"作为人类存在的最高目标，并以此代替上帝作为一切价值的源泉。简单地说，即用人的理性代替神，要求所有的价值都要经过人的理性的检验，这样的观点是启蒙运动最核心的思想和价值观。这一思想很明显来自自然科学研究的方法，自然科学中的实验、观察是借助于各种工具完成的，比如布鲁诺和哥白尼的天文观测依靠当时最先进的天文望远镜。因此启蒙运动所追求的理性又被称作"工具理性"[5]。此外，由于自然科学所采用的实证方法，工具理性也可以被宽泛地认为是实证主义的基本特征，或者等同于实证理性。

在物质和技术上，自然科学的进步导致欧洲 18 世纪中期形成了一场工业革命，工具理性主义在科技领域收获了丰盛的果实。自然科学的发展造就了机器文明，而机器使人类第一次可以大规模地把自然资源转化为物质产品，彻底摆脱对自然的依赖，形成了前所未有的物质文明和社会生产及生活方式。这个过程就是我们所说的"现代化"[6]，也是启蒙运动在改变人类生活状态方面最显著的成就。

以工业化为龙头的现代化过程也摧毁了传统文化，把人与人之间的联系转化为一种经济利益的计算。社会关系在工业化生产的效率和利益最大化的目的的驱使下重新组织。人类用理性取代了上帝至高无上的地位，在自然科学中取得了前所未有的成就，为工业化和技术的进步开拓了广阔的发展空间。对上帝的否定使人在摆脱蒙昧的同时，也失去了传统文化中稳定的生活目标、价值体系，以及宗教信仰和礼仪提供的精神庇护。现代化之前的人类文明都处在由各式各样的神话维系的社会系统中，出于共同的信仰，个体和整体紧密联系在一起。现代化的发生摧毁了上帝和神话系统，使每个人变成孤立的个体。这种无根的漂浮的心理状态就是现代性的主要特征。[7]保罗·利库尔所说的对传统文化的破坏所导致的创造与道德的核心的消失，正是现代化的直接后果。从某种意义上说，弗兰姆普敦在文中所阐述的文明与文化的对抗、工具理性对人的异化、现代城市规划理论中实用主义主导下公共空间的日益萎缩，以及现代主义先锋派的批判精神的没落，无一不是现代性困境的显现和后果。

另一方面，在思想成果上启蒙运动带来的一个主要诉求是乌托邦主义。既然进步、平等及自由是人类社会的终极目标和理想，那么为人类设计一个终极完满的理想的社会形态和生活方式，然后制定一套行动策略和规则，采用人为的手段推动人类社会朝着此目标前进，就是理所当然的了。简单地说，这种人为设计出来的理想状态的社会就是"乌托邦"，推动和实施乌托邦的行动和过程则被称作人类的"解放"（emancipation）。乌托邦冲动是启蒙运动的重要特征和遗产，也是现代建筑运动的核心观念之一。

从 18 世纪开始，社会改革家不断地进行"乌托邦"实验，其中英国人欧文在美国设计的协和村、法国人傅立叶设计的公社都是这方面的典型例子。建筑师也不断地参与到乌托邦规划中，如我们所熟悉的赖特的广亩城市及柯布西耶的三百万人口的城市规划都带有乌托邦色彩。弗兰姆普敦提到的现代建筑规划原则中的"推倒重来"（Tabula Rasa）也含有某种乌托邦的意味。

　　事实上，启蒙运动的影响非常巨大深远，18 世纪以来西方全部的思想成果基本上都可以被看作是启蒙运动这棵树上结出的各种各样的果实。从这个角度看，在 19 世纪以来的各种政治思潮中，所谓保守思想是在考虑现实条件的前提下实施人类进步和解放的计划，激进派则是要采用更激烈和快速的方式实现人类乌托邦，他们在目标上一致。启蒙运动的思想被继承转化为 19 世纪至 20 世纪上半叶欧洲社会的行动指南和参照系，成为各种社会运动和革命的催化剂和推进器，从而形成了欧洲近两个世纪跌宕起伏的现代史。在取得现代化的前所未有的物质成就的同时，西方文化在思想上一直无法摆脱现代性的困境。现代化带来的矛盾冲突持续不断发展激化，直至 20 世纪上半叶的两次世界大战，欧洲倒在了战争的血泊中。这个时候西方知识界开始反思以人类解放和进步为旗帜的启蒙思想，为什么会导致种族灭绝的大屠杀和浩劫。作为启蒙运动思想基础的工具理性主义被认为是其中重要的原因。启蒙运动所鼓吹的那些积极的正面的价值，比如"进步""解放""实证"，都成为被质疑的对象。弗兰姆普敦在文中引用的汉娜·阿伦特（Hannah Arendt）、马尔库赛（Herbert Marcuse）以及法兰克福学派的思想，都建立在对二战的灾难及其启蒙运动思想根源的反思之上，包括海德格尔（Martin Heidegger）在内的现代西方思想家试图从文化根源上弄明白西方文化到底在哪里走向了错误的方向。启蒙运动的思想中最被质疑的是乌托邦理想。乌托邦的观念同样建立在工具理性的思想上，其逻辑是像对待科学研究中的客观对象那样来对待人类社会的问题，将人类社会当成可以拿来实验的对象。

最后需要指出的是，弗兰姆普敦在文中反复引用的文化与文明之间的冲突，以及保罗·利库尔所说的传统与现代的冲突，都是现代化进程的困境和症状。技术文明及其工具理性对社会领域的统治，导致了两种现代性的矛盾，即马泰·卡林内斯库（Matei Calinescu）提出的技术进步的现代性和现代艺术先锋派所代表的美学现代性。[8]《批判的地域主义》对当代建筑学问题的分析正是建立在这样的历史背景之上的。

2. 先锋派的兴衰

城市作为人类文明的载体，在现代化的过程中发生了根本性的变化。自19世纪中期工业革命完成之后，西方资本主义国家经历了一个按照生产和流通的要求重新组合和改造的过程，城市的发展越来越被商业利益最大化和效率的原则所主宰。弗兰姆普敦在"文化与文明"一节中指出："现代的建筑已经受到最优化的工艺技术的普遍支配，以致创造有意义的城市形式的可能性受到了极大限制。由于汽车的增加以及土地投机商的猖獗所配合施加的限制，将城市设计约束到这样一个范围，以致任何一种干预最终都被还原为由生产条件决定的构配件的组合，或成为现代开发业所要求的便于销售和维持社会控制的一种表面掩护。"[9]这段话就是描绘了现代化所导致的这样一种由纯粹实用主义和工具理性原则主导的建筑和城市设计的萎靡的状态。弗兰姆普敦还谴责了20世纪商业投机的两种最典型的现象：高层建筑和汽车主导下的城市空间，指出现代化的冲击使社会的伦理核心在发展的名义下被瓦解。他认为在1980年代初，建筑设计和城市规划的实践中已前所未有地显现出这样的困境。

弗兰姆普敦在"文化与文明"一节的最后一段中讲道，从启蒙时代开始，"文明"所关心的主要是工具式的理性，而"文化"则从事于特征的表现……今天，文明越来越卷入"手段—目标"这一斩不断的锁链之中，正如汉娜·阿伦特所说："'为了'这个词成了'为某人'的内容，功利被视为意义，从而变成无意义。"[10]

弗兰姆普敦在这里描绘的正是启蒙运动的内在矛盾，工具理性主义所造成的物质文明与文化之间的矛盾冲突，目标与手段之间的矛盾和不协调，技术文明中的工具理性侵蚀文化的价值所造成的当代社会生活被工具理性和功利主义所主宰，从而导致生活意义的危机。

　　需要指出的是，弗兰姆普敦对汉娜·阿伦特的引用是系统性的，阿伦特 1960 年代出版的《人的境况》(*The Human Condition*) 一书对弗兰姆普敦有深刻影响。《人的境况》同样是一部追溯启蒙运动的理性主义问题和现代化困境根源的著作，其中对于何为公共生活的分析，是弗兰姆普敦关于当代建筑和城市价值判断的重要参考依据。可以认定，弗兰姆普敦把城市和建筑的意义等同于公共性。

　　弗兰姆普敦在第二节"先锋派的兴衰"中，高度概括性地回顾了现代主义运动中的先锋派在现代化过程中的作用及其与资本主义文明的关系。他指出，从 19 世纪开始各种先锋运动与资产阶级的崛起同时发生，它们时而与现代化资本主义文明和文化相顺应，起推动和加速的作用，时而又激烈反对资产阶级文化的实用主义和功利主义。

　　18 世纪中期与启蒙运动同时开始的新古典主义，是与资产阶级革命及其政治、文化诉求相一致的建筑运动，从苏夫洛开始，到布雷、勒杜、迪朗以及申克尔，新古典主义的建筑师们通过古典语言的运用，表现新兴资产阶级国家和政体的进步性及道德。在英国 19 世纪中叶之后，以拉斯金和莫里斯为代表的艺术与手工艺运动，则激烈抨击资本主义社会的残酷剥削及社会不公正，主张回到中世纪手工艺社会，对抗机器文明所代表的现代化。20 世纪以未来主义为代表，包括了抽象造型艺术和构成主义等的艺术运动，再一次也是最后一次"全心全意地和现代化进程站在一起"[11]。

　　在经过 1920 年代现代艺术和建筑先锋派与社会发展步调一致的时期之后，1929 年的经济危机所引发的资本主义社会的全面危机，导致欧洲的法西斯主义和斯大林独裁政体的出现，从而在启蒙运动之后第一次出现了政治上的反现代化的倒退。弗兰姆普敦称之为"垄断和国家资本主义的利益"，其在现代史中首次与文化现代化的解放动力分道扬镳。弗兰姆普敦接着总结了西方资本主义国家左翼文化阵营对斯大林主义的反应，这是一种普遍的从激进的人类解放的政治立场后退的倾向。文中所提及的克莱门特·格林伯格（Clement Greenberg）的捍卫抽象艺术的观点，实际上是一条为艺术而艺术的另一种版本的中间路线。像格林伯格这样的左翼知识分子无法苟同斯大林主义的政治迫害和独裁，又不肯认同资本主义体制的压榨和精神麻痹，只好通过强调艺术的独立性来独善其身。弗兰姆普敦引用格林伯格的话指出，现代艺术和建筑日益走向"即使不是娱乐，也是某种商品"[12]，实际上从现代社会的议事日程中脱离出来成为经济的附庸。最后弗兰姆普敦总结当时最新的美国后现代主义先锋派"不仅是先锋主义的最后一场游戏，它还代表了批判性反对派文化的支离破碎和日落西山"[13]。

"先锋派的兴衰"这一节可以看作一个浓缩版的现代建筑史。弗兰姆普敦的分析紧扣现代化和启蒙运动的大背景，以及资本主义文明和文化之间的关系，最后也落脚于启蒙运动的工具理性和乌托邦主义与其解放计划之间的矛盾，先锋主义"也不再能继续成为一种解放运动，部分是由于其最初的乌托邦诺言已经被工具式理智的内在理性所否定"[14]。弗兰姆普敦与卡林内斯库所说的两种现代性的矛盾是一致的。

3. 后锋主义、"场所—形式"、抵抗的建筑学

在否定了当代先锋运动的积极作用和"先锋性"之后，弗兰姆普敦提出了与先锋派相对的"后锋"立场。这一立场"必须使自己既与先进工艺技术的优化，又与始终在那种退缩到怀旧的历史主义或油腔滑调的装饰中去的倾向相脱离"[15]，也即将重点放在文化和地方性方面，但又与当代技术进步所代表的文明保持

接触。这个立场说明弗兰姆普敦并未否认现代主义的基本技术进步和理性原则，批判的地域主义是现代主义在当代条件下的发展，并不是对现代主义的基本伦理和社会目标的全盘否定。

弗兰姆普敦在这一节中重点澄清了批判的地域主义与流行的大众主义以及简单化地恢复或模仿某种乡土建筑的地方风格的区别。他强调要警惕那种"大众主义蛊惑人心的倾向"[16]，并把它和真正具有批判性的地方风格分开。弗兰姆普敦在这里指的是，1960 年代之后兴起的以波普艺术为代表的把日常生活进行图像化再现的艺术形式，在建筑中表现为以文丘里（Robert Venturi）等人为代表的通俗主义倾向。弗兰姆普敦所说的简单化地恢复传统风格或者情感性地方主义（Sentimental Regionalism），既指后现代主义建筑中模仿乡土建筑的形象，以唤起和呼应直接的怀旧情绪，也指 1970 年代之后兴起的社区规划运动中那种无根的地方性的操作模式，最典型的是美国加州地区建筑师克里斯托夫·亚历山大（Christopher Alexander）的模式语言。

需要特别注意的是，批判的地域主义既不是一种风格，也不是一种操作模式，正如弗兰姆普敦所说，它是一种立场和态度。我们不能想当然地认为只有那些采用了某种地方性的形态元素的建筑才能被称为地域主义的建筑。"批判地域主义的基本战略是用非直接地取自某一特定地点的特征要素来缓和全球性文明的冲击。"[17]弗兰姆普敦特别强调了非直接（indirect），也就是对地方性元素的使用必须经过转化，而非直接复制。这一点是批判的地域主义和大众主义以及情感性地方主义的本质区别。批判的地域主义从地域气候条件、基地特征、地方性构造中提取设计的原则。大众主义则只提供一种图像性的感动迎合大多数人，停留在"刺激—满足"的行为水准上。这一点也可以解释为什么弗兰姆普敦在各种场合提到地域主义的时候，所举的例子大多数并非乡土风格的建筑，这种差异既界定了批判的地域主义，也是弗兰姆普敦建筑价值观根本的出发点。

弗兰姆普敦以丹麦建筑师伍重（Jørn Oberg Utzon）的巴格

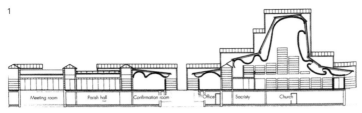

2

1. 伍重，哥本哈根巴格斯瓦德教堂剖面，1976 年
2. 伍重，哥本哈根巴格斯瓦德教堂主殿，1976 年

斯瓦德教堂（Bagsværd Church）为例（图 1、2），说明上述批
判地域主义的思想如何体现在建筑实践中，又如何将全球通用
的技术条件和经济需求的限制与地方性和精神的需求结合起来。
伍重设计的巴格斯瓦德教堂位于哥本哈根北郊，周围是独户住
宅。教堂平面由一系列矩形内部空间和围绕这些空间的走廊组
成，结构为钢筋混凝土框架，建筑外立面采用预制混凝土板（也
用于部分地面）和陶瓷面砖。弗兰姆普敦认为这栋建筑的外表
符合其结构和构造的技术性，呈现一种通用的非表现性的形式，
代表了现代技术和工艺的一般标准。在建筑最具精神性要求的
核心——教堂的正殿大厅，伍重采用了曲面造型的现浇混凝土
拱壳来营造非世俗化的氛围，这种做法是非标准的，并非出于
经济性的考虑。弗兰姆普敦认为他的精神性空间效果平衡了建
筑结构和平面的工具理性的一面，同时也塑造了一种既不违背
技术文明，又具有地方集体精神的形式和空间。

4. 传统、创造与经验的整体性

弗兰姆普敦的文章前三节可以看作是从历史出发的观念批
判，阐述批判的地域主义的思想基础；后三节中他力图描绘批

判的地域主义的观念框架和方法。弗兰姆普敦不断强调回到一种综合的、能够激发人的感知能力，以及与环境产生共鸣的设计方法。他呼吁除了视觉之外，还应该重视听觉、嗅觉和触觉这样的维度。他在讨论中再次抨击了以文丘里为代表的通俗主义理论和对现代城市公共领域的缺失的熟视无睹、逃避责任。[18]关于批判的地域主义设计的具体方法，他从场所—形式概念出发，他指出了几种类型的方法，如与现代主义的"推倒重来"方式相反的尊重基地形态的方法，还有以周边围合的城市空间和底层高密度对抗孤立的无场所感的雕塑式建筑形态的处理方法。

在中文语境中一个想当然的误解是，批判的地域主义的建筑形态必然带有某种传统建筑或地域性建筑的表现形式，或者说只能表现本地区的传统。事实上，弗兰姆普敦列举出来说明或支持地域主义建筑实践的建筑实例[19]，大部分没有严格或明显的本地传统建筑的特征。在阿尔托（Alvar Aalto）、博塔（Mario Botta）、巴拉干（Luis Barragan）和西扎（Alvaro Siza）的设计中，传统建筑形态常常被转化成抽象的建筑语言，在安藤忠雄的作品中则完全看不到传统形态的表现。而且弗兰姆普敦认为在现代文明的条件下，建筑师的观念和设计方法不应该局限在某一种固定的文化地域传统中。这种情形发生在伍重和斯卡帕对中国传统建筑的借鉴中，以及西扎对阿尔托和路斯的借鉴中。如果沿着同样的美学和情感的路线追溯，我们可以发现，在弗兰姆普敦所列举的考德尔奇（Antonio Coderch, 图3、图4）、阿曼西奥·威廉姆斯（Amancio Williams, 图5、图6）、鲁道夫·辛德勒（R.M.Schindler, 图7、图8）的设计中，同样大量地使用了现代建筑的空间模式和抽象语言。

弗兰姆普敦的批判地域主义思想包含理论和思想上的复杂性。如前所述，他的理论是建立在对启蒙运动以及现代技术文明以及工具理性的批判之上，并未否定现代性和启蒙运动的合法性和其目标的正当性。"进步"在弗兰姆普敦的理论中仍然是一个核心的价值和目标。与哈贝马斯一样，弗兰姆普敦认为现代性仍是一个有待完成的计划。在肯定了这一基本价值观以后，我们应该注意的是弗兰姆普敦的观点中有一些和本雅明所强调的"整体性的经验"[20]相同的看法，这一观点显示了他并没有摒弃传统的价值。

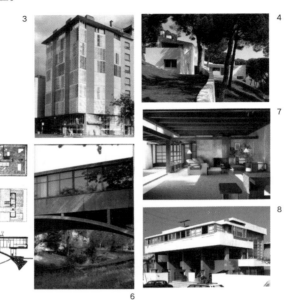

3. 考德尔奇，巴塞罗那海员公寓，1951
4. 考德尔奇，巴塞罗那乌加尔德住宅，1954
5. 威廉姆斯，阿根廷马尔·德尔·普拉塔小溪上的住宅，1945
6. 威廉姆斯，阿根廷马尔·德尔·普拉塔小溪上的住宅外观局部，1945
7. 辛德勒，好莱坞辛德勒契斯住宅室内，1921
8. 辛德勒，洛威尔海滨住宅，1923—1926

事实上，弗兰姆普敦提倡的批判的地域主义的实践，更重要的一点是他的美学观念。如哈里·弗朗西斯·马尔格雷夫（Harry Francis Mallgrave）在《建构文化研究》的序中所指出的，弗兰姆普敦关于艺术性的建造形式的观点和19世纪的移情理论有非常内在的联系[21]。正是这种古典的理论构成了弗兰姆普敦建筑本体论的基石，并使其理论具有了现实性和与设计实践实现互动的可能性。

* 本文最初发表于《新建筑》2013 年第 3 期。

注释

1. 转译自《走向批判的地域主义——抵抗建筑学的六要点》（Towards a Critical Regionalism: Six Points for an Architecture of Resistance）引言。

2. 马歇尔·伯曼. 一切坚固的东西都烟消云散了. 徐大建，张辑，译. 商务印书馆，2003: 15.

3. 本文基于中国建筑工业出版社 1988 年翻译出版的《现代建筑：一部批判的历史》（肯尼斯·弗兰姆普敦著，原山等译）一书中的附录二《走向批判的地方主义——抵抗建筑学的六要点》，同时参照了英文原文。本文中引用的建筑实例部分来自《现代建筑：一部批判的历史》（第四版）中"批判的地域主义：现代建筑与文化身份"（Critical Regionalism: Modern Architecture and Cultural Identity）一章。

4. 我们首先可以指出这样一些事实，在西方的知识中，文明和文化一开始就带有对立的色彩。文明是一个很古老的用语，文化则出现于 18 世纪。从最一般的人类学意义上讲，文明指人类有别于动物的自然状态的成就。在西方的语境中它更强调人类成就的物质层面，以工具的水准为评判其先进程度的标志。文化一般可以从三个方面或层次理解，首先它可以泛指人类社会的物质和精神成就，在这个意义上文化是文明的同义词；第二专指人类社会的精神产品和知识成就；第三，则是指礼仪和教化活动，一种精神培育的过程。可以说相对于文明而言，文化更指向精神传承和礼仪。参见：走向批判的地域主义——抵抗建筑学的六要点. // 肯尼斯·弗兰姆普敦. 现代建筑：一部批判的历史. 原山，等译. 中国建筑工业出版社，1988: 392.

5. 由于西方哲学思想建立在对"何为真"的认识论基础上，对于认识世界的媒介和工具（如语言）有特别的关注，因此工具理性也是西方哲学的基本特征。

6. 现代化是西方文化的产物，指技术进步和社会生产水平提高的过程。一般认为现代化有几个主要特征：商品化、城市化、官僚体制化和经济理性化。

7. 现代性与现代的时间意识和历史感紧密相连，是现代人特有的精神状态和心理机制，是未来导向的个体经验。

8. 与此相关，希尔德·海嫩（Hilde Heynen）在《建筑与现代性》（Architecture and Modernity）中引用马歇尔·伯曼的说法，区分了和谐的（pastoral）与断裂的 (counter-pastoral) 两种现代性观念。参见：马泰·卡林内斯库. 现代性的五副面孔. 顾爱彬，李瑞华，译. 商务印书馆，2002: 47-53.

9. 肯尼斯·弗兰姆普敦. 现代建筑：一部批判的历史. 原山，等译. 中国建筑工业出版社，1988: 393.

10. 同上：394.

11. 同上：395.

12. 同上：395.

13. 同上：395.

14. 同上：395.

15. 同上：395.

16. 同上：396.

17. 同上：396.

18. 同上：399.

19. 弗兰姆普敦在第四版《现代建筑：一部批判的历史》中的"批判的地域主义：现代建筑与文化身份"一章中重新解释了批判地域主义的理论和实践，将最初的六要点扩展为七要点，同时引入了更多的建筑师作品。

20. 本雅明在他的现代性研究中区分了经验（erfahrung）和感知（erlebnis）。前者是经验的总体及其处理机制，个体借以接受和处理外部刺激、信息和事件，建立这种机制依赖于某种传统；后者是单个的分离状态的知觉，没有形成整体的感知。相比于传统文化，现代人得到的往往是不完整的片段体验和感受，而难以获得整体的经验（Erfahrung）。参见：Mimesis and Experience//Hilde Heynen. Architecture and Modernity.

21. 哈里·弗朗西斯·马尔格雷夫. 序 // 肯尼斯·弗兰姆普敦. 建构文化研究——论 19 世纪和 20 世纪建筑中的建造诗学. 王骏阳译. 中国建筑工业出版社，2007.

现代建筑形式语言的 5 个基本范型

现代主义是对 20 世纪建筑领域影响最广泛的运动，现代主义建筑的基本价值观和艺术语言构成今天人类建造环境设计的基础。迄今为止，各种当代建筑思潮无不是对现代主义建筑或修正、或扬弃、或针锋相对的反应。在可以预见的未来，现代主义的形式语言仍将是建筑学专业的基本参照系和出发点。本文试图对现代主义建筑中形式语言的基本范型进行概括性的总结。

众所周知，18 世纪中叶的启蒙运动和 19 世纪初完成的工业革命，导致了欧洲文明和社会生活全面的革命性的变化。古典艺术语言和原则不仅无法应对和处理层出不穷的新事物和现象，而且其存在的社会根基和价值基础也被颠覆。现代主义作为一种包括了建筑、绘画、雕刻和文学、音乐等各艺术领域的全方位的变革，正是建立在试图认识和驾驭这种复杂局面并重新获得艺术语言的现实基础和合法性的努力之上[1]。基于这样的认识，本文虽然主要对现代主义的形式语言进行讨论，但对于现代主义的理解并不仅仅局限于一种风格，而是包括了现代化进程中的与经济、政治和社会条件密切相关的意识形态。因此，本文讨论的对象包括了所有具有现代意识或在现代意识的基础上运用各种形式的建筑活动和建筑师的作品。[2] 而对其艺术语言进行归纳和分析，也就是在历史的框架中透视现代主义与社会、文化和技术诸方面的关系。

从形式语言的角度看，构成现代主义建筑的形式基本要素或范型可以归纳为以下 5 种：①构成的形态；②多米诺结构；③纪念性物体；④帕拉第奥主义；⑤现成品与拼贴。其中前两种是建筑范型调整和适应新技术条件下的现代生产逻辑和体系的结果，第三和第四种范型显现了现代建筑与古典传统之间以相互矛盾和否定的形式达成的连续性与内在联系，最后一种，反映了现代主义试图同化和吸收资本主义工业文明带来的混乱和变化的努力，以及现代主义先锋派对艺术与社会之间关系的重新认识。

1. 构成的形态（Compositional Form）

以非对称的形态取代古典建筑的静态、对称的构图是现代建筑艺术语言形成的标志，也是现代设计的基石。构成的形态是其中最具开创意义和基础性的语言，这种语言发端于荷兰风格派。

在讨论构成的形式以及现代主义形式语言中的非对称性这个基本特征的时候，必须指出它和 19 世纪之后西方文明总体发展状态的关联。启蒙运动的科学理性对宗教蒙昧的颠覆、工业革命所导致的新的生产关系与上层建筑之间的对立和冲突、社会与文化之间的日益分裂，瓦解了西方传统文明的整体性和稳定性，形成一个处于不断变化中的世界，使人和社会之间处于持续的紧张和对立之中。现代主义艺术语言中的非对称性正是对这种现实状况的反应和把握。与这种变化相对应，艺术领域从 19 世纪末到 20 世纪最初的 10 年发生了一个价值重心的转移，即从尊崇和师法自然的浪漫主义和强调主观世界创造性的个人主义转向追求科学理性及社会与个人、技术文明与文化创造之间的平衡，具体地表现为从印象派向后期印象派、表现主义和未来主义的转变。风格派是这一转变中最具决定性和创新意义的一步。[3]

风格派绘画的基本语言建立在超越个人化的主观想象和对

自然形式的模仿、塑造一种新的具有普遍意义的意识和绘画形式的信念上。[4] 最具代表性的风格派创始人之一蒙德里安的抽象绘画采用原色和几何图形，排除掉客观世界和对具体事物的表现（图1）。这种纯粹抽象的绘画形式拒绝了所有与历史相关联的符号和自然形态的再现，成为自我参考和自足的系统。这一点与资本主义工业文明和生产体系的理性是一致的。

蒙德里安和杜斯堡（Doesburg）的充满了动感的抽象画，其图像特征直接表达了现代社会的整体性的丧失和非稳定性（图2、图3）。当它转换为三维的空间语言的时候就成为一种动态的无中心的空间体系，造成流动和空透的效果（图4）。这是与古典艺术经验彻底的决裂（风格派的建筑设计

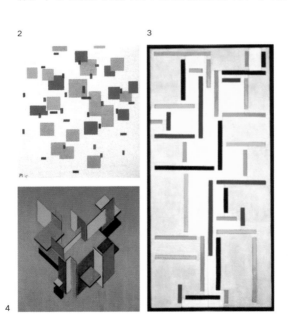

1. 蒙德里安，红黄蓝构图，1921
2. 蒙德里安，色块构图，1917
3. 杜斯堡，俄罗斯舞蹈的韵律，1918
4. 杜斯堡，反建造，1924

常常不能用传统的透视图来表现，而只能用轴测图）。现代建筑理论的主要作者吉迪恩在他的《空间·时间·建筑》一书中把现代建筑空间的基本特征总结为"通透性"（interpenetration），这一点集中表现在风格派的建筑空间中。

从风格派建筑形成的历史看，还必须指出赖特的关键性影响。赖特的作品在1910年前后被介绍到欧洲，并对风格派的建筑师产生了影响。在赖特受新艺术运动影响的独立式住宅设计中，有一种属于现代的非对称和流动的空间特征，这在罗比住宅中集中体现出来（图5、图6）。这个住宅的外观虽然呈现出某种程度的对称性,但在体量的组合上却表现出了动态和灵活性。如果把附加的装饰去掉，罗比住宅的平面与风格派建筑在基本类型上是一致的。

5

6

5. 赖特, 罗比住宅外观, 1908—1910
6. 赖特, 罗比住宅一层平面, 1908—1910

风格派的设计思想和赖特的建筑实践留给现代建筑的另一份遗产体现在密斯的作品当中。密斯在一战后由古典主义转向现代主义。他所设计的砖住宅（图7）、李卜克内西和卢森堡纪念碑（图8）无疑采用了风格派的构成的设计语言。他在1928年设计的巴塞罗那世界博览会德国馆，被认为是体现了现代主义空间观念的经典（图9）。

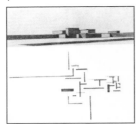

塔夫里（Mafredo Tafuri）在《建筑与乌托邦》（*Architecture and Utopia*）一书中认为，风格派的目标是用形式和秩序来控制技术所导致的混乱，用打破整体性的造型、回到基本元素的方式，从机器文明所造成的贫乏中发掘新的精神和丰富性。[5] 构成的形态作为其形式语言和核心在艺术上抓住了现代社会的普遍状态和心理，即现代技术所带来的变化、生存的不稳定感和消除了传统场所确定性之后的无场所感，通过一种解构性的手法获得了艺术形式的合法性，成为现代建筑中的基本范型。直到今天，我们仍然能在当代建筑师的设计中看到它的原则和形式的运用（图10）。

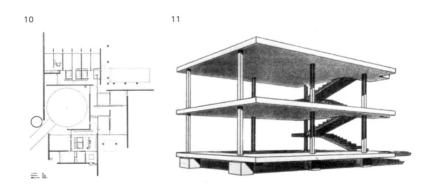

7. 密斯，砖住宅方案，透视及平面，1923
8. 密斯，李卜克内西和卢森堡纪念碑，柏林，1926
9. 密斯，巴塞罗那世界博览会德国馆，巴塞罗那，1928
10. 索托 · 德 · 穆拉（Eduardo Souto de Moura），阿尔卡内纳住宅，葡萄牙，1987—1992
11. 柯布西耶，多米诺结构，1914

2. 多米诺结构（Dom-Ino Frame）

多米诺结构是一种柱板（暗梁）承重体系，柯布西耶在1914年首先明确提出了这一概念（图11）。这种三维立体的形态是对基于现代技术和材料的新形式语言的总结，和对钢筋混凝土结构所形成的空间形态的高度概括。它构成了迄今为止在建筑设计中被运用最广泛的基本单元。

多米诺结构在空间概念上与构成的形态完全不同，甚至是相反的。因为有规律的重复性的柱的排列限定了重复性的内部空间，形成一种均质性。而在构成的形态中，在空间形态上出现了一种分裂的、异质性的甚至可能是迷宫般幽闭恐怖的效果。为了打破这种均质性，柯布西耶的做法是引入自由流动的墙体，运用内部的墙体干扰结构性空间的重复性，由此形成了他所总结的新建筑形式5个要点中的自由平面（图12）。在伽太基别墅中，他还试图用错层的方法打破空间的单调性和均质柱网结构的主导地位（图13）。

多米诺结构在理论上可以容纳任何功能。由于其均质性完全顺应现代工业的标准化和大批量制造的原则，它体现了理性对自然的征服和生产对人的控制，因而迄今为止建筑师仍然一方面利用这种体系设计建造各种类型的建筑和空间，另一方面又与这种空间范型进行斗争（图14）。在可以预见的未来它仍然是建筑师的基本工具。

3. 纪念性物体（Monument）与纪念性（Monumentality）

纪念性物体和纪念性在建筑学中是一个硬币的两个面。纪念性问题是一个纯粹的西方文化的现象。[6] 在西方古典艺术的语境中，纪念性所代表的是崇高（Sublime）。与这个概念相对立的是美（Beauty）或与哥特艺术相关的"画境"（Picturesque）[7]。此外，在西方文明中，纪念性带有强烈的地域和宗教色彩。对于地中海和天主教文化来说，纪念性的正当性是不言而喻的。对于

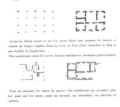

12. 柯布西耶，自由平面
13. 柯布西耶，迦太基别墅（Villa Baizeau）剖面及室内透视，1929
14. 库哈斯，朱西奥大学图书馆竞赛，巴黎，1992

英国经验主义和北欧新教文化而言这是一个很值得怀疑的东西，并且对它有道德上天然的排斥。

现代主义与古典艺术的矛盾纠结最为突出地表现在纪念性和纪念性物体的问题上。纪念性天然地是一个古典的属性。纪念性物体是静态孤立的，是超越经验的、自洽的。[8] 现代主义建筑的核心价值建立在经验主义原则的功能主义和哥特建筑的结构理性主义基础上，看上去和纪念性是对立的。但正如柯林斯在《现代建筑设计思想的演变》中所指出的，现代主义对建筑的美学定义恰恰来自古典概念的重新发现[9]。在现代建筑早期的探索中，先锋派建筑师利用纪念性物体所具有的"不可企及"的美学特质来表达他们的乌托邦想象（图15）。在 1940 年代欧洲和美国的现代建筑运动中，曾有过一段提倡新纪念性物体的时期，把纪念性和民主价值及社区建设联系起来（图16）。[10] 纪念性主题在现代建筑中从未完全消失（图17）。

纪念性在一个较宽泛的意义上，可以理解为日常生活中的

15. 布鲁诺 · 陶特，阿尔卑斯山建筑，1917—1919
16. 柯布西耶，北非内莫尔城市规划方案，1934
17. 路易 · 康，孟加拉国会大厦，达卡，1962—1975

仪式性。从这个角度不难理解，在从古典向现代的转变中纪念性成了一个需要克服的困难。在具体的建筑实践中，早期现代主义建筑师不同程度地碰到这个难题。路斯通过把建筑活动分为与艺术有关的纪念性物体（宫殿、陵墓）以及与功能和日常生活经验相关的住宅这样两种类型来解决这一矛盾。在建筑实践中，按照弗兰姆普敦的说法，他陷入一个困境，即："怎么把盎格鲁 - 撒克逊方案的室内设计中自由自在的舒适与古典形式的严格性结合起来？"[11] 路斯的方法是建筑的外立面采用简单的型体来表现一种统一性，内部根据功能的不同采取不同的空间形式和尺寸（图 18，图 19）。

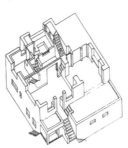

18. 阿道夫 · 路斯（Adolf Loos），穆勒住宅正立面，1928
19. 阿道夫 · 路斯，穆勒住宅室内轴测图，1928

另一位现代建筑师赖特，在他职业生涯的早期也摇摆于对称构图的纪念性和满足使用的多样性及变化的形式之间。赖特所采用的方法是在建筑的正面采用对称形式，其他几个面则主要根据功能布局需要设计成非对称的（图20—图22）。

纪念性物体并不一定与尺寸大小有关，它含有孤立于周边环境和其他事物、寄托思绪的意味，因此一些小的物体或者日常生活中的用品都可看作纪念性物体（图23）。在阿尔多·罗西（Aldo Rossi）的建筑设计中，纪念性物体充当着非常重要的角色（图24），在罗西看来它是城市生活中最重要的意义的载体。[12]

现代建筑中最为奇怪而充满矛盾的纪念性物体，也许就是19世纪诞生于美国的摩天楼了。它具有所有纪念性物体的视觉

20

21

22

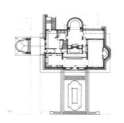

20. 赖特，温斯洛住宅正面，1893
21. 赖特，温斯洛住宅背面，1893
22. 赖特，温斯洛住宅平面，1893

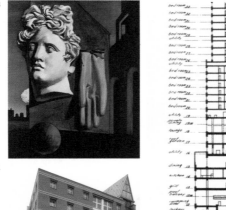

23

24

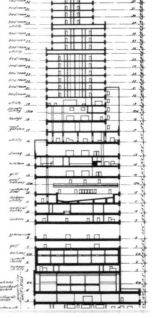

25

23. 德 · 基里柯（De Chirico），《爱之歌》，油画，1914
24. 阿尔多 · 罗西，柏林国际住宅展居住综合体，1981
25. 纽约下城体育俱乐部剖面（转引自库哈斯《癫狂的纽约》插图）

特征，但从内在逻辑上却是最为反纪念性的。它是经验主义的、反理性的，摩天楼唯一的意义就在于它内部可以发生各种各样的事件，可以容纳无限多样的功能（图 25）。摩天楼建立在现代科学发明的基础之上，是技术和商业投机结合的产物，它完全是现代城市文明的产物，却又是反城市的。这是现代主义建筑中最有效率但也是对现代文明最具破坏性的一个类型。

4. 帕拉第奥主义（Palladianism）

帕拉第奥主义是文艺复兴建筑的一个艺术成就上的高峰（图26）。[13] 和纪念性问题一样，帕拉第奥主义与现代主义之间也呈现出相互克服而又具有某种内在关联的矛盾状态。由于帕拉

第奥在建筑学中的地位和对建筑知识体系产生的广泛深刻的影响，那些对现代主义建筑语言的形成起到关键作用的建筑师，几乎都处在他的影响之下。

赖特（经由沙利文）、路斯（经由沙利文、申克尔）、阿尔托（经由阿斯普兰德）、密斯（经由申克尔）、柯布西耶（经由佩雷）的设计语言都与帕拉第奥主义有着密不可分的关联。像纪念性主题一样，帕拉第奥主义也以各种现代的姿态和方式呈现在现代建筑的进程中。柯布西耶的别墅系列的帕拉第奥柱网体系是一个著名的例子（图27，图28）。[14] 而密斯在 1940 年代之后的作品被认为是现代版本的帕拉第奥主义（图29 —图31）。[15] 现代主义对古典艺术语言的革命未必不是一场既针对哥特式装饰和结构形式又针对帕拉第奥古典主义的革命。占据现代主义的空间概念核心的空透性，所要推毁的正是帕拉第奥构图中的静态孤立的空间体系。因此，我们不难发现当现代主义受到批判和冲击的时候，建筑师们重新拾起来的武器之一就是帕拉第奥主义（图32，图33）。

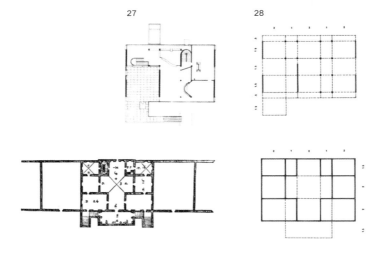

27 28

29

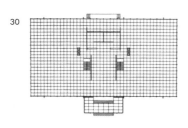

30

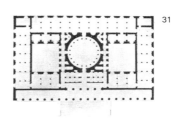

31

26. 帕拉第奥，园厅别墅，维琴察，约 1550
27. 柯布西耶的斯坦恩别墅（Villa Stein）平面与帕拉第奥的马尔康腾塔别墅（Villa Malcontenta）平面（转引自柯林·罗《理想别墅的数学模型》插图）
28. 斯坦恩别墅和马尔康腾塔别墅平面柱网对照
29. 密斯，伊利诺理工学院克朗楼，1950—1956
30. 密斯，伊利诺理工学院克朗楼平面，1950—1956
31. 申克尔（Karl Friedrich Schinkel），柏林老博物馆平面，1823
32. 文丘里，栗子山住宅，1963
33. 文丘里，栗子山住宅平面，1963

32

33

34. 毕加索,《吉他、乐谱和酒杯》,
1913

5. 现 成 品（Ready-made） 和 拼 贴（Collage）

现成品首先出现在当代艺术领域中。立体派画家勃拉克（G. Braque）和毕加索（Pablo Picasso）在 1912 年左右使用了拼贴的手段把现成的物品用到绘画作品中（图 34）。在绘画和雕刻艺术中，现成品在现代艺术中具有两方面的意义，在艺术范畴内它产生了一种任何其他手段都无法相比的破坏性的效果，这种破坏性或者错用的效果否定了古典绘画中的主观性，也就是艺术家不再是一个形式赋予者和控制一切的角色，艺术品也不再具有唯一性和独创性；其次，艺术家通过现成品的运用，以一种反讽的手段同化和吸收现代技术文明所带来的冲击。

在现代主义先锋派中，达达主义（Dadaism）是现成品和拼贴的主要倡导和实践者。杜尚（Marcel Duchamp）的现成品艺术以一种极端的方式，不仅否定传统绘画和艺术中的主观性，而且否定了绘画的传统定义（图 35）。德国艺术家施维特斯（Kurt Schwitters）在绘画上采用了实物拼贴，创造出更有体量感的现成品绘画（图 36）。他把这种拼贴称作 Merz，意指商业社会中的残余物。[16] 他还利用生活中废弃不用的东西搭建成立体形式和空间，取名为 *Merzbau*（图 37）。按照塔夫里（Manfredo Tafuri）的说法，达达主义艺术家以一种有悖于常理的荒谬的方式实现与现实的交流，凸显出规划和控制现代机器文明的混乱和彻底碎片化的状态的必要性。[17]

在建筑学中讨论现成品的问题具有特殊的困难。在建筑领域里似乎并不存在现成品这个问题，因为建筑并不是严格意义上的再现型的艺术。建筑具有表达的功能，但与绘画相比，建筑自身既是表达的手段，也是被表现的对象。如果一定要在一个很直接的意义上使用现成品一词，那么每个建筑物都可以是某一种"现成品"。但是另一方面，我们必须认识到现代建筑

35. 杜尚，《喷泉》，1916—1917
36. 柯特 · 施维特斯，《拼贴》（*Merz*），1921
37. 柯特 · 施维特斯，*Merzbau*，汉诺威，1920—1936
38. 理查德 · 汉密尔顿（Richard Hamilton），《到底是什么使今天的家如此不同、如此引人入胜?》，拼贴，1956.

不仅在形式上，而且在与形式问题相关联的观念和方法上也受到现代艺术的深刻影响。拼贴和现成品是最大限度影响了现代建筑的精神气质和走向的艺术概念和方法。

现成品和拼贴的概念，以两种不同的方式在建筑设计和城市理论两个层面上对现代建筑的进程产生了决定性的影响。在二战后，英国艺术家继承了达达和超现实主义运动中反讽的姿态。他们反对已经成为经典的现代主义中排斥现实世界的抽象艺术，采取相反的"接受现实"（As Found）[18]的态度。这种承认并用模棱两可和反讽的手段对待资本主义现代文明施加在大众头上的粗俗现实的艺术主张，被称作通俗艺术或波普艺术（Pop Art, 图 38）。它是反精英、反偶像和反学院派的。在 1960 年代，较为激进的年轻一代建筑师普遍用波普艺术的观念反对现代主义建筑僵化的功能主义教条和官僚体制化的建筑语言。这种倾向表现在从英国的阿基格拉姆（Archigram）到意大利的超级工作室（Superstudio）和建筑视窗（Archizoom）等激进组织的纲

39. 建筑视窗，无终止城市方案，1970

领中。不仅如此，1960 年代的激进运动对整个西方当代文明都持有批判和怀疑的态度。超级工作室和建筑视窗小组采用拼贴和现成品的表现形式表达对现代主义乌托邦和启蒙运动的理性主义的质疑，探索建筑学在现代消费社会中的困境和内在矛盾（图 39）。这种态度和价值取向形成了从城市和文化角度观察和透析建筑问题的当代视野和现代条件下的城市理论。

属于波普运动的偏于中间立场的建筑师则借助波普艺术的观念对资本主义市场和消费体系所创造的城市空间进行整理和重新阐释。其中的代表人物是美国建筑师文丘里（图 40）。文丘里站在波普艺术的立场上为美国的商业文化及其城市景观进行辩护，承认并片断化地模仿现实存在，发展出一套反现代主义乌托邦的通俗建筑。上述这两种情形构成 1960 年代、1970 年代建筑学讨论中的重要组成部分以及共同的认知和情感，其影响一直延续到今天。[19] 在这个方向上的建筑实践中创造出最直接的形象拼贴作品的是美国建筑师弗兰克·盖里（Frank Owen Gehry）。他在洛杉矶自宅改造和神户鱼餐厅等作品中实现了一系列图像化的建筑（图 41）。

另一方面，现成品艺术中理性的一面在建筑设计上影响了密斯这样的现代主义建筑师。密斯在战后美国的实践中发展了一套表现工业化体系的抽象形式语言。他直接把工字钢用作建筑的外立面装饰，形成了一种彻底静默的空无一物的效果（图 42）。[20] 在这个方向上，在关于城市的观念中产生了柯林·罗的

40   41   42

43

40. 美国城市中典型的主街景观（转引自文丘里《建筑的复杂性与矛盾性》插图）

41. 盖里，神户鱼餐厅，1986

42. 密斯，西格拉姆大厦，纽约，1956

43. 翁格尔斯，"城市中的城市——柏林，绿色城市群岛"方案，1977

67

《拼贴城市》这样的反现代主义乌托邦的折衷主义的理论。另外值得注意的是，德国建筑师翁格尔斯（Oswald Mathias Ungers）在 1970 年代形成了一种城市空间拼贴的设计方法（图 43）。他放弃了现代主义的功能主义和整体理论，把城市看作历史残留物形成的片断化的记忆和空间系统。翁格尔斯的理论含有一种否定性的态度，承认并揭示出资本主义现代化进程对城市的文化社会所具有的整体性的侵蚀与破坏，以及城市日益成为一种时间进程中的聚集物，而非有机体的事实。

  * 本文原载于《世界建筑》2009 年第 6 期。

注释

1. 按哈马斯（Jurgen Habermas）在《现代和后现代建筑》（Modern and Postmodern Architecture）一文中的观点，现代主义应对的三个方面的挑战分别是新的建筑类型、新的结构和材料以及要求一种新的规划原则。参见：Jurgen Habermas. Modern and Postmodern Architecture // Jurgen Habermas. Architecture Theory Since 1968. The MIT Press, 2000: 412.

2. 本文论述的对象也包括了持与现代主义相反立场的建筑思想和人物，比如波普艺术以及美国建筑师文丘里。这是因为 1920 年代之后即便是反对现代主义的建筑思潮也是从现代主义所奠定的土壤中产生出来的，是现代性的发展过程的一部分。

3. 风格派和同时期其他先锋运动一样是对立体主义的艺术创新做出的反应。风格派主动接受机器文明及其所带来的新的社会条件。"在荷兰和俄国先锋派中，机器的逻辑成为艺术和建筑的模型，思想可以不依赖于传统工艺而创造出形式，并意味着绘画、建筑和数学理性的新的综合。艺术和建筑被认为是非个人化的不依赖于个人'口味'的客观事物。"参见：Alan Colquhoun. Modern Architecture. Oxford University Press, 2002: 109.

4. 风格派第一宣言（1918）。参见：现代建筑：一部批判的历史 . 168.

5. Manfredo Tafuri. Architecture and Utopia. The MIT Press, 1999.

6. 在一个宽泛的意义上，西方建筑的艺术和心理基础建立在超历史的纪念性（monumentality）和反纪念性（anti-monumentality）这样一对对立统一的矛盾之上。纪念性和反纪念性在西方建筑中的重要性类似于中国艺术中的虚和实的概念。

7. 彼得·柯林斯对崇高、画境和美的概念在建筑领域中的发展做出了较为详细的描述。参见：彼得·柯林斯. 现代建筑设计思想的演变 1750—1950. 英若聪译. 中国建筑工业出版社，1987: 33.

8. 1944 年，路易·康在他的论文《纪念性物体》中对这个概念作了如下定义：一种结构中的内在精神品质，传递了其永恒性的感觉，并且是不能附加或被改变的。参见：Joan Ockman. Architecture Culture 1943-1968. Rizzoli International Publications, 2007: 48.

9. 彼得·柯林斯，1987:7.

10. Modern Architecture. 212.

11. 现代建筑：一部批判的历史 . 104.

12. 纪念性物体在罗西的理论中占据核心地位，这也是他反对现代主义功能主义理论的立足点，他在《城市建筑学》中指出："纪念物是用建筑原则来表达集合意愿的标记，是首要元素，即城市变迁中的固定元素。"参见：阿尔多·罗西. 城市建筑学. 黄士均译. 中国建筑工业出版社，2006: 24.

13. 对帕拉第奥主义的定义主要来自于帕拉第奥所创造的晚期文艺复兴古典主义建筑风格，大致可表述为对古希腊和古罗马建筑形式的复兴，建立在数学原则基础上的理性主义，以及建筑外部简单、统一的形态特征和内部丰富的装饰之间的对比。

14. Colin Rowe. The Mathematics of the Ideal Villa and Other Essays. The MIT Press, 1999.

15. Neo-'Classicism' and Modern Architecture I //Colin Rowe. The Mathematics of the Ideal Villa and Other Essays. 120.

16. Merz 来自于德语 Commerz(商业) 一词。

17. Architecture and Utopia. 92-93.

18. "接受现实"是英国建筑师史密森夫妇在 1950 年代所用的一个术语，用来指从日常生活和普通的事物和材料中发掘不同寻常的质量，这个概念代表了当时英国波普艺术和粗野主义建筑的价值观。

19. 以库哈斯为代表的"新现代主义"的核心精神来自于此。

20. 塔夫里在《建筑与乌托邦》中指出密斯在一战后与柏林达达艺术家库尔特·施维特斯（Kurt Schwitters）及汉斯·里希特（Hans Richter）的交往。塔夫里认为密斯同时受到达达主义和荷兰风格派的影响。

贝尔拉格学院
从蒙台梭利乐园到校园

　　荷兰贝尔拉格学院（The Berlage Institute）成立于 1989 年。这个学校或称研究机构的诞生既和当时荷兰的社会文化状况脱不开关系，又与某些具体人物的努力密不可分。从 1984 年开始，荷兰经济状况逐渐好转，由持续的低迷徘徊转向复苏和增长。1980 年代末，荷兰文化部向国会提交了《建筑法案备忘录》（*Architectuurnota*）。该法案认为，建筑学是荷兰整个国家发展的重要文化基础和支柱，并提出了一系列支持、资助建筑研究和建筑行业发展的政策。与此同时，当时的著名荷兰建筑师赫尔曼·赫茨伯格（Herman Hertzberger）也在寻求建筑教育的新的模式，并试图通过创立一个新的教育机构来探索教育改革，推动建筑学思想的发展。赫茨伯格的努力加上《建筑法案备忘录》的施行，使得贝尔拉格学院这样一个特殊的建筑教育和研究机构在 1980 年代末得以诞生，赫茨伯格本人担任了第一任院长。（图 1）

　　贝尔拉格学院虽然名义上是一个私立教育机构，但主要的经济来源却是政府投资，尤其是在它刚刚成立的时候。这也可算得上是一种"荷兰特色"。在这个福利社会国家，长期以来，政府负责对涉及国计民生的部门以及文化、教育这一类的公共机构进行投资，极少见到完全市场化的只由私人基金会维持的教育机构。贝尔拉格学院在成立之初只有十

1. 贝尔拉格学院最早的校址：阿姆斯特丹孤儿院（1990—1995）

2. 阿尔多·凡·艾克（左）和赫茨伯格（右）在一起

几名学生，而且大部分来自荷兰以外的国家。学制为两年，学生毕业获得硕士学位。赫茨伯格同时担任教学组织者。

在那个时候的贝尔拉格学院，除了赫茨伯格之外，另一个不得不提及的人物是阿尔多·凡·艾克（Aldo van Eyck）。虽然赫茨伯格实际操作和掌管贝尔拉格学院的运作，但那个时候真正的贝尔拉格学院的"精神教父"却是凡·艾克。凡·艾克和赫茨伯格之间有着长时期的亲密合作和师生关系。（图2）凡·艾克成名于1950年代中后期，他是当时反对现代主义城市规划理论、主张修正现代主义基本价值观的"十次小组"（Team X）的主要发起人，也是荷兰1960年代、1970年代结构主义学派的创始人和领袖。赫茨伯格在1950年代末刚从代尔夫特理工大学毕业，就加入了凡·艾克、巴克玛（J. Bakema）等人组成的以《论坛》（*Forum*）杂志为理论阵地的学术圈子。赫茨伯格和凡·艾克分别设计建造了荷兰结构主义学派的两个最著名的作品：阿佩尔多恩（Apeldoorn)的中心管理办公楼和阿姆斯特丹孤儿院。贝尔拉格学院最初的几年就设在改造后的阿姆斯特丹孤儿院中。

赫茨伯格自始至终对凡·艾克保持着由衷的尊敬。凡·艾克就像一个校外督察，不时到贝尔拉格的工作室巡视一番，并对校内事务发表意见。有一件事可以说明凡·艾克的个性和影响力。在1980年代，凡·艾克代表的结构主义学派曾经与当时的后现代风潮发生激烈论战。他对那些后现代明星和玩弄纯形式的建筑师深恶痛绝，于是给贝尔拉格立下了一个规矩：永远不许格雷夫斯（Michael Graves）、埃森曼（Peter Eisenman）和斯特恩(Robert Stern)踏进贝尔拉格的大门。一直到1999年凡·艾克去世，这几个人一次也没在贝尔拉格学院出现过。

阿尔多·凡·艾克和赫茨伯格都是著名的左派。赫茨伯格更是痛恨一切官僚政治和体制。他希望贝尔拉格学院成为一个学生渴望自主学习的地方，而不是被逼迫或为了文凭而学习的机构。一开始，他甚至提出在学生完成两年的学业之后，不给他们颁发任何学位，以彻底切断和外部体制的联系。可想而知，在这样的指导方针下，贝尔拉格学院一定会变成以学生个性发展为最高宗旨的俱乐部。事实上，这个时期的贝尔拉格学院就像是一个意大利教育家蒙台梭利（Montessori）倡导的那种寓教于乐的学园，老师和学生之间的关系更像家庭成员。

在开始的两年里，贝尔拉格学院的教学重点放在设计上。赫茨伯格作为一个开业建筑师选择这样一种方式也是再自然不过的。学生在两年共 6 个学期的学习过程中，进行不同题目的设计。设计分为长题（一学期）和快题（一周）两种形式。快题往往穿插在学期中，并由一些国际知名的建筑师主持，因此又叫大师课（masterclass）。后来证明这样的做法过于忽视建筑理论的培养，并且在最后的毕业设计中，学生也无法集中足够的时间和精力完成高质量的论文。于是从 1992 年起，贝尔拉格学院的教学框架做过一些调整。一年级的教学以设计课（core project）为主，二年级则以毕业论文（thesis）为主，另外在两年的教学中增加了专门的理论课。赫茨伯格邀请了著名的理论家也是他的私人朋友弗兰姆普敦（Kenneth Frampton）来组织贝尔拉格的理论课教学。因此，那时贝尔拉格的学生得以在弗兰姆普敦发表他的《建构文化研究》之前，听到他这本书的主要内容。这一基本框架虽然在后来有所调整，但一直沿用至今。

赫茨伯格本人还有另外一个愿望，就是把贝尔拉格学院变成荷兰建筑的窗口和国际交流的平台。由于他个人的国际声望，贝尔拉格学院从一开始就邀请各个国家的知名建筑师前来演讲、交流或主持设计课。每个星期一次的公开演讲也成了学院内不可或缺的重要活动。在赫茨伯格担任院长的时期，学生得以同时与那些老一辈的大师如彼得·史密森（Peter Smithson）、多西（Balkrishna Doshi）、德·卡罗（Giancarlo de Carlo）、弗兰姆普敦以及年轻一些的以库哈斯为代表的知名建筑师保持接触。

　　赫茨伯格同时定下了院长每5年一任的规矩。1995年他辞去院长职位，由荷兰建筑师维尔·阿雷兹（Wiel Arets）继任。阿雷兹在担任院长职务时正好40岁，虽然相对年轻，但有更多的在国外任教的经历。早在1980年代，阿雷兹就在英国的建筑联盟学院（Architectural Association School of Architecture, 简称AA）和美国的哥伦比亚大学教书。因此他把和他同辈的很多国外建筑师带到了贝尔拉格学院，比如现在比较有知名度的斯坦·爱伦（Stan Allen）、哈尼·拉希德（Hani Rashid）、格雷格·林（Greg Lynn）、特伦斯·莱利（Terrence Riley），等等，同时他也把年轻一代的荷兰建筑师如MVRDV、UNStudio等拉入贝尔拉格学院的教学阵营。阿雷兹有一个很肯定的想法，就是建筑学一定要成为社会发展的开路先锋。他鼓励实验性的思想探索，更加强调让学生有意识地培养一整套设计方法。因此，他特别重视论文的连贯性和实验性，要求学生从一年级开始就要考虑论文的方向和题目，并有意识地把设计课当作论文的试验场和相关组成部分。在阿雷兹主持学院期间，他把贝尔拉格学院的名字改为了贝尔拉格"研究生实验室"（Postgraduate Laboratory）。（图3）

　　从总体上讲，阿雷兹沿用了赫茨伯格创建的教学体系，但在内容上却发生了一些方向性的变化。在1995年前后，库哈斯跃升为全世界建筑师的第一号明星，他的一整套观念不仅对包括阿雷兹在内的荷兰建筑师，也对贝尔拉格学院产生了越来越大的影响。关于建筑学的本体论的讨论越来越少，关于城市和建筑学的各种文化社会现象之间关系的研究越来越多。学生论文的主体开始从设计转向所谓"研究"（research）。赫茨伯格时期的理想主义氛围被急于参与到社会变革中、用专业知识对社会发展

3. 贝尔拉格学院第二任校长维尔·阿雷兹（右）和论文导师巴特·洛茨玛（Bart Lootsma）

施加影响的实用主义哲学取而代之。这一时期贝尔拉格学院的学生所讨论的话题从同性恋到服装，从商业包装和营销策略到非法占房，从交通问题到产品规划和定位，无所不有。这个时期也是以库哈斯及其 OMA 家族为代表的荷兰建筑崛起的所谓"超级荷兰"运动（Super Dutch）的鼎盛时期。

　　1990 年代初，荷兰的政治经济正从福利国家政策向美国式的自由资本主义和完全市场化靠拢。阿雷兹执掌贝尔拉格之时，正是这一转变的高潮时期，人们普遍处在乐观情绪中，对新经济政策乐观其成。但同时，这种新经济开始对学校和教育产生影响。贝尔拉格学院就受到了最直接的影响：由于房地产市场的兴旺，凡·艾克的孤儿院改造而成的办公室租金越来越高，贝尔拉格只好在 1996 年迁到阿姆斯特丹旧城中的一所老房子里。（图 4）

　　阿雷兹的任期差不多恰好覆盖了"超级荷兰"运动的盛期。2002 年，库哈斯的学生、来自西班牙的建筑师齐埃拉 - 保罗（Alejandro Zaera-Polo）接替阿雷兹成为新一任贝尔拉格学院院长。齐埃拉 - 保罗也是一位开业建筑师，他最知名的作品是横滨客运码头，但他的思想却和这个不规则的、处处是曲线的成名作相反——非常理性。齐埃拉 - 保罗反对城市规划和设计中的所谓"宏大叙事"，主张在一个特定的条件下研究问题，并提出解决问题的方法。他追随库哈斯所谓的"回溯的宣言"，倡导建筑师要紧密地参与社会的运作和发展。因此他的指导方针是在教育中强调所谓职业主义（Professionalism），要和现实发生直接的碰撞和接触，不鼓励纯理论探索。齐埃拉 - 保罗基本上沿用了由赫茨伯格到阿雷兹的课程设置。具体到课程设计的运作上，他希望所有的题目都是实际项目，有特定的甲方和任务书。在论文方面，则由个人独立完成变成允许和鼓励集体合作。由于学校规模的扩大，学生人数已由十几人增加到

4. 贝尔拉格学院位于阿姆斯特丹玛尼克斯大街（Marnixstraat）315 号上的校址

四五十人，教职员也成倍增加。从各方面看，目前的贝尔拉格已趋向于一个正常的学院。（图5，图6）

　　得益于荷兰建筑界在1990年代之后在国际上的声誉和以库哈斯为首的荷兰建筑师的影响力，贝尔拉格学院在很短的时间内成为一个国际知名的学校。现在人们常常把它和英国的AA、美国的哈佛大学设计学院、库柏联盟学院相提并论。从某种角度说，这种比较确有其根据。众所周知，库哈斯在AA是最受欢迎的男一号明星，他在哈佛大学带学生搞城市研究项目也有10年时间，其影响不言而喻。如果说这几所学校有所谓主流思想的话，它们都笼罩在库哈斯的阴影之下，或多或少它们现在所做的事情都是一样的。但从机构的基本框架来说，这几所学校相差甚远。相对而言，由于贝尔拉格学院学生人数少，机构规模小，在一定程度上它确实如赫茨伯格所希望的那样，较少官僚气息。在很大程度上也如赫茨伯格所追求的那样，贝尔拉格学院不像个（传统的）学校。至少从阿雷兹时期开始，学生／建筑师都被很认真地当作一个独立的研究者看待，而不是一般学校中受体制保护的一个群体。贝尔拉格学院很长时间以来，不把学生叫学生，而称之为"参与者"（participant），这其中既有引以为荣的成分，也是这种情况的真实反映。

　　但不利的方面也与此有关。由于规模小，学生的交往范围也很受局限，无法和大学相比。因此，对于那些阅历丰富、思

5. 贝尔拉格学院位于鹿特丹的校舍（自2000年），这是荷兰著名现代主义建筑师J.J.P.Oud于1930年代设计建造的办公楼

6. 贝尔拉格学院鹿特丹校舍内景，摄于2002年

想成熟、独立思考能力强的人来说，贝尔拉格学院是个适合他们培养、锻炼和检验思想方法的地方。思想不够强悍的学生则会常常感到不知所措，甚至完全无法适应。据笔者的个人经验和观察，贝尔拉格学院最有意思也是较特殊的地方正如前所述，在于每个学生都被当成（至少假设为）一个独立的建筑师／研究者。对设计问题和研究项目的讲评是完全开放而没有任何保留的，因此也常常是很严厉的，评图过程中常会出现真刀真枪的较量。表现差的学生会遭到毫不留情的质疑甚至羞辱，反过来，如果学生确有有价值的见知也会得到应有的承认和尊重。一些知名的建筑师和学者也常常利用贝尔拉格这个平台进行不同的课题研究。仅就笔者所知，比如库哈斯早在 1994 年在贝尔拉格搞过一个名为"点城市"（Point City）的关于荷兰城市的大师课，（图 7）后来这个研究被收入他的《小，中，大，超大》（S,M,L,XL）一书中。MVRDV 更是长期在贝尔拉格以设计课为基地和学生们一起进行各种城市问题的研究。笔者在 2000 年曾参与了比利时建筑师萨维耶·德·盖特（Xaveer De Geyter）关于比利时中心区域住宅问题的设计课，最终设计成果中的一些想法也被纳入后来出版的《扩散之后》（After Sprawl）一书中。

7. 赫茨伯格（左）与库哈斯在 1994 年"点城市"大师课中（图片来源同上）

当然在贝尔拉格经常能看到一些只在杂志和出版物上见到的著名人物，这也许算得上这里的一道特殊风景，不可否认这一点对年轻建筑师还是很有吸引力的。实事求是地说，和这些著名人物的所谓"零距离"接触，有助于学生去除掉不切实际的肉麻想象和偶像崇拜，迅速培养独立的思想和判断力。（图 8）

像贝尔拉格这样的大学体制外

8. 论文导师伊里亚·曾格利斯（Elia Zenghelis）（右侧站立者）和安东尼·维德勒（Anthony Vidler）（白发坐者），摄于 2002 年

的教育和研究机构在西方也并非绝无仅有。比如前面提到的英国的 AA，还有美国建筑师彼得·埃森曼在 1970 年代创办的都市与建筑研究所（IAUS），当然还包括由德国建筑师格罗皮乌斯在 20 世纪初创办的著名的设计学校包豪斯，这些都是体制外的教育或研究机构。它们毫无疑问都是建筑师和教育家为了推动建筑的不断发展而付出的努力的一个组成部分。相对于建筑实践而言，建筑教育更需要思想的独立性，这种独立性不可否认首先来自与社会现行体制之间保持应有的距离。从这一点来看，贝尔拉格这样看上去不合常规的机构就有了它必然的合理性。因此，我们也就不必非要习惯性地把它归入一个什么"类"里面了。

* 本文参考了 Vedran Mimica 发表于贝尔拉格学院院刊 *Hunch* 第 6/7 期全刊上的文章 "Berlage Experience"。首次发表于《世界建筑》2006 年第 10 期。

荷兰建筑中的结构主义

荷兰结构主义建筑，是在二战后对现代建筑中的功能主义和狭隘理性主义的批判中诞生的。这场运动的核心是阿尔多·凡·艾克（Aldo van Eyck）。像任何一种思想和流派一样，结构主义的理念和方法不是孤立的。它的产生，一方面与当时欧洲年轻一代建筑师，特别是"十次小组"（Team X）的活动密切关联，另一方面也是特殊时期荷兰社会文化条件的产物。

欧洲自 1940 年代后期开始了战后重建。现代建筑的功能主义，尤其是《雅典宪章》的功能分区原则，作为城市规划的原则被各国用来指导新的城市建设。在很短的时间内，那种把城市简化为工作、生活、交通和娱乐四种活动、只考虑物质功能和结构合理性的规划方法，制造了一大批单调乏味、与人的日常生活和习俗毫无关系的所谓功能城市。这种情况激起了具有独立见解的欧洲建筑师，尤其是战后年轻一代建筑师的不满。

在现代建筑运动中规模最大的组织国际现代建筑协会（CIAM）内部，各国年轻建筑师聚集在反对功能主义教条的旗帜下，利用新的艺术和人文科学思想，对现代建筑中的僵化理论展开批判。这种观念的对立和斗争导致了 CIAM 的解体。以英国建筑师史密森夫妇和荷兰建筑师阿尔多·凡·艾克、雅普·巴克玛（Jaap van Bakema）以及希腊建筑师坎迪里斯为代表的"十次小组"，提出了一系列新的设计方法和价值观念。其核心可以概括为，用对具体事物和特定场所的特殊性取代现代建筑思想中的普遍性和均质空间，反对技术至上和不加区别地推倒重来的方法，最终恢复人与其所生活的环境之间的互动和认同感。

在战后的荷兰建筑界，新思想的开创者是凡·艾克。凡·艾克出生在荷兰，但他的整个青少年时期在英国度过，并在瑞士的苏黎世理工学院完成建筑教育。这一特殊的经历使他具备了宽广的文化视野。二战后，凡·艾克回到荷兰，加入荷兰战后重建的规划设计工作。他一方面熟悉欧洲现代艺术和先锋派建筑，另一方面对非西方文明有很大兴趣，从人类学的知识中获得启发和新的观点。凡·艾克从 1947 年开始参加 CIAM 的活动，在 1953 年的普罗旺斯第 9 次会议上，他和其他国家的年轻建筑师提出了不同于《雅典宪章》的功能主义的新观点。在 1950 年代，凡·艾克形成了以场所和关联为主旨的设计思想，用特殊性和具体的原则替代现代主义的空间—时间理论，从人类学的观点对现代建筑与历史和传统割裂的状态和后果进行了分析。凡·艾克的探索奠定了荷兰结构主义建筑的思想基础和方法。

1

1.《论坛》杂志封面

1959 年荷兰建筑杂志《论坛》（*Forum*）（图 1）进行了改组，凡·艾克（图 2）、雅普·巴克玛等人成为杂志的核心，更年轻一些的建筑师如赫尔曼·赫茨伯格（Herman Hertzberger）也成为编辑。以《论坛》为阵地，凡·艾克等人对荷兰建筑的现状进行了猛烈的抨击。《论坛》杂志成为结构主义的摇篮。

在改组后的第一期《论坛》中，凡·艾克对荷兰战后的现代主义城市规划和建设表达了不满。他批评荷兰正处在有可能变得无法居住的危险之中，而规划师和建筑师要为此负责。凡·艾克抨击了《雅典宪章》的功能分区和用高层建筑解决居住问题的模式，并提出另外一种思路。在 1950 年代初，凡·艾克和巴克玛在一系列大型居住区规划中尝试采用低层、多层和高层住宅混合的形式以建立起一种更加亲密的社区和邻里关系。改组后的《论坛》第二期，以"门槛和偶遇"（threshold and encounter）为主题讨论了室内与室外、过渡领域的问题。凡·艾克提出了一系列对立统一的概念组，对抗现代建筑中的"通用空间"（total space）和均质空间，如内 / 外、局部 / 整体、个体 / 社区、封闭 / 开放、建筑 / 城市等。他提出一个格言：一所房子是一个小城市，一个城市是一所大房子。他认为领域感是建立人与环境认同的关键。因此，门槛意味着从一个领域进入另一个领域，而过渡空间（transitional space）是建筑设计中的重要方面。建筑的价值正在于"之间"（in-between）的领域。

2

凡·艾克的认识，在相当程度上来自他对非西方文明的了解。自 1940 年代，凡·艾克就转向非西方文明寻求答案，他曾经与人类学家赫尔曼·哈恩（Herman Haan）一起考察非洲的原始部落。他发现在多贡人的聚落中，群体活动与房屋的几何形态之间保持着对应

2. 阿尔多·凡·艾克（Aldo van Eyck）

关系，人类行为的意义和空间之间相互协调。对文化人类学的兴趣，使得凡·艾克关注具体事物和日常生活与空间之间的关系。在更为理论的层面上，他对现代建筑的"空间"这一概念提出质疑。相对于空间的抽象性，他提出了与某一个具体的位置和场地相关的"场所"（place）的概念。

凡·艾克把他的这一套论述总结为迷宫式的清晰(Labrinthine Clarity)，也就是一种辩证对立的建筑关系，既有秩序，又富于变化和多样性。这个概念来自他对北非和中东伊斯兰城市中的

3. 阿姆斯特丹孤儿院

高密度街区和集市（Kasbah）的研究。

1950 年代中期，凡·艾克开始设计阿姆斯特丹孤儿院（图 3）。这栋建筑的建成及其后续的影响，标志着结构主义作为一个新的思想和运动登上了荷兰建筑实践的舞台。阿姆斯特丹孤儿院采用了单元式的平面，与当时主流的现代建筑非常不同（图 4）。按照凡·艾克的解释，这个建筑是按照一个小城市来设计的。它的房间按照孤儿的年龄段，分成 10 岁以上和 10 岁以下两个大的组团，每个组团中又按照年龄大小和性别分成四个小组团。凡·艾克把每个小组团当成一个家庭，相对应地建筑空间由大小两种尺寸的穹顶覆盖。小穹顶平面尺寸为 3.6m×3.6m，这个矩形小穹顶也是平面构成的基本模数。建造单元和空间单元的相似性形成了凡·艾克所说的可认知、可识别的社会网络。在 10 岁以上年龄组的家庭单元中，凡·艾克按照普通住宅的模式，把活动室和就餐区合在一个空间中，就像是住宅中的起居室。在这个空间内，凡·艾克对室内地面做了高差处理，同时布置了固定家具。每个家庭单元都附带一个室外活动场地，场地进行了设计以激发儿童的游戏和户外活动。单元之间联系的内廊也被处理成"街道"。建筑的建造体系完全遵从单元形式，每个 3.6m×3.6m 的单元，由柱子、预制联系梁和现浇穹顶构成。柱子之间由玻璃窗或者玻璃砖提供采光，或用双层墙填充。结构和建造体系真实反映在立面上，形成可以清晰辨认的结构体系。穹顶来自凡·艾克对非洲文明的兴趣，它强化了结构单元的空间感。凡·艾克的设计，使人联想到贝尔拉格所提倡的诚实地使用材料，其结构清晰性和杜依克（Duiker）的露天学校有相似之处。阿姆斯特丹孤儿院在 1960 年建成，立刻在国际上获得了广泛赞誉，被认为是荷兰现代建筑新的里程碑。它近乎完美地体现了凡·艾克所倡导的观点和方法，即"迷宫式的清晰"。随后凡·艾克的学生和追随者对这个建筑的思想方法进行了扩展和深化。

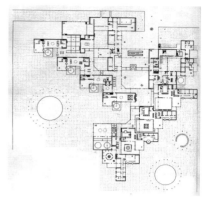

4. 阿姆斯特丹孤儿院平面图

1962年，两位年轻的荷兰建筑师约普·凡·斯泰赫（Joop van Stigt）和佩特·布罗姆（Piet Blom）进入罗马大奖的最后阶段，他们的方案都采用了结构单元拼接组合的形式。它们是凡·艾克在孤儿院中所用的空间—结构建造体系（space-structure construction）的变形和发展。布罗姆的方案采用了传统的砌体形式，斯泰赫的设计是一种立体叠加的更为清晰的空间—结构体系（图5，图6）。

因此，一般认为这一方案对结构主义的产生更为重要。在1960年代初，虽然结构主义还没有很多实践的机会，但在理论和设计方法上已经形成了非常明确的原则和特征。它的基本方式是采用小尺度构件和相同的基本单元构成空间序列，来容纳和限定不同的功能，比如居住、工作、休息等。同时结构主义建筑对灵活性进行探索，强调结构空间体系与人的行为的关联和限定，认为结构体系应该诚实地表现在内部和外部形式的设计中。

结构主义建筑的基本特征在1960年代被赫尔曼·赫茨伯格进一步发展。他先是在瓦肯斯瓦德（Valkenswaard）和阿姆斯特丹市政厅设计竞赛中，探讨了由小构件单元体系构成的空间—结构建造形式。之后在阿佩尔多恩（Apeldoorn）的中央保险公司总部中得以实施。这个建筑于1972年建成，成为荷兰结构主义建筑的代表作（图7，图8）。与凡·艾克一样，赫茨伯格对文化人类学也抱有浓厚兴趣，凡·艾克的过渡区域、门槛以及房子与城市这样的论述，也是赫茨伯格关注的内容。赫茨伯格也许是比凡·艾克更彻底的个人主义者，他声称"我们所追求的是以个人角度解释集体的模式，用这样的模式来替代集体对个人

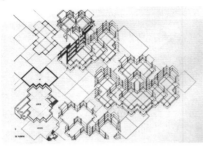
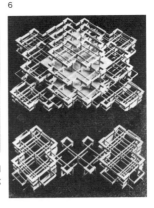

5、6. 凡·斯泰赫罗马大奖儿童村研究——该设计表现图将重心放在框架上，这样便可以保持由建筑元素塑造形式下的内外空间同时可见

生活模式的解释"，并强调"用一种特殊的方式把房子造得相像，这样可以使每个人可以运用他个人对集体模式的解释"，"因为我们不可能造成一种能恰好适应各个个体的特殊环境，我们就必须为个人的解释创造一种可能性，其方法是使我们创造的事物真正成为可以被解释的"。[1]在中央保险公司总部中，赫茨伯格用对角开放的矩形结构单元作为办公空间的细胞，形成一个矩形群岛，岛之间用桥联系起来。每个单元内可以通过家具摆放灵活使用，相邻单元还可以组成不同规模的办公空间。这种平面和空间组织具有高度灵活性和对变化的适应性，体现了他所说的相似结构的可识别性，以及个人对集体空间的解释。（图10，图11）

进入1970年代之后，结构主义获得了更多的实践机会。在超大规模的居住区规划设计，校园建设以及重要的公共建筑如市政厅、图书馆等项目中，出现了为数不少的结构主义建筑师作品，其中比较主要的包括斯泰赫在莱顿大学校园的设计、布罗姆在特温特（Twente）的巴斯蒂尔大学规划，以及赫尔曼·赫茨伯格在乌得勒支的弗雷登堡音乐中心等（图12）。在大尺度建筑以及城市规划领域中，结构主义强调了多元空间（multiple space）的重要性以及混合功能和土地使用的方式。与正统现代主义的功能分区相对立，结构主义主张采用混杂功能的方式，

7

9

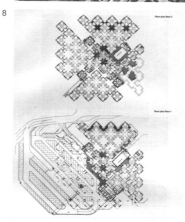

8

7. 中央管理保险公司总部大楼

8. 中央管理保险公司总部大楼平面图

9. 中央管理保险公司室内"办公塔"之间的中空空间加强了相邻工作区之间的联系

10、11. 结构支撑体系以及办公区的不同布置,这些模糊区域可以填入右侧的建筑单元,包括办公区、会议区、洗手间、等候室、休息区和角落就餐区

10

11

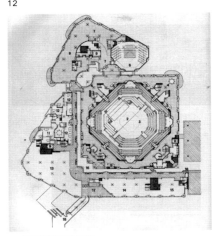

12. 弗雷登堡音乐厅平面

以创造更丰富和多样化的生活环境。布罗姆在亨格尔（Hengel）规划建造的高密度住宅区中，各种类型的公共设施放在地面层，住宅位于二层之上，覆盖了几乎整个基地，形成了混杂的社区。最极端的案例，弗兰克·凡·克林赫仑（Frank van Klingeren）在埃因霍温设计建造的多功能社区中心中，学校、商店、酒吧、餐厅、图书馆等，被放在同一个大空间中。

84
历史
与
理论

在城市尺度上，结构主义仍然倾向于用网格来控制和制造基于简单空间类型的复杂关联性。另一个与现代主义建筑的不同点，是结构主义主张嵌入式的设计，与既有的建筑和街区共处，而不是推倒旧的重新建设。赫尔曼·赫茨伯格的弗雷登堡音乐中心，在内部设计了商业内街，与城市街区相联，在布局上也考虑了与已有城市街区的协调。

结构主义在荷兰还引发了新的居住建筑设计的态度和方法。布罗姆认为住宅设计不再建立在传统意义上的住宅概念之上，与街道、广场、花园、住宅这样的类型区别无关，也与功能分区以及建筑与城市尺度差异无关。住宅设计应该寻找一种结构性的力量，其中每一个居住形式具有其自身特性，它可以引入居住环境的丰富性。布罗姆认为可以按照同一种单元模式或相似性的结构构成更大密度的居住区。这种做法导致了更大尺度的相同体量—结构单元形成建筑群。

在 20 世纪 60 至 70 年代，由于大众文化的兴起和福利社会的形成，个人权利意识凸显，荷兰规划师和建筑师在居住建筑设计中越来越多地开始考虑居住者对个性化空间和个人居住方式的要求。赫茨伯格在狄亚贡（Diagoon）住宅中，采用了开放式的平面，只有楼梯和卫生间是固定的，其他房间由居住者决定，哪里是起居空间，哪里是卧室，等等。在这一时期，与结构主义相关联的还有支撑体住宅（SAR）；在支撑体住宅体系中，建筑师只决定结构骨架，房间的分隔由居民自行决定。1970年代之后，由于受到后现代主义的影响，部分荷兰结构主义建筑师开始采用传统建筑的材料和形式。斯泰赫在莱顿大学的校园建筑中采用了拱形窗和坡屋顶。甚至一部分建筑师开始采用纯粹装饰性的构件。1980年代，结构主义建筑的实践遭到越来越多的质疑。库哈斯曾批评结构主义建筑形式的教条导致了荷兰城市面貌缺乏可识别性，住宅、办公楼、学校、高层甚至监狱都是一个模样。总体而言，人们认为结构主义更多地关注建筑而不是城市。1980年代末，结构主义在其影响力日趋下降的时候获得了几个重要的机会。赫茨伯格被政府委托设计荷兰社会福利和就业部大楼。他还受邀参加了德国的一系列竞赛。他的法国国家图书馆竞赛方案也显示了结构主义在大尺度的公共建筑设计上仍然有着不容小觑的潜力。同时，凡·艾克设计建造了欧洲空间局和技术中心大楼。

（85）

在国际上，结构主义的影响主要在北欧国家。瑞典、丹麦和挪威的一些建筑师都曾追随结构主义的设计理念。甚至丹麦建筑师伍重的一些作品也被认为是受荷兰结构主义的影响。约瑟夫·布赫（Josef Buch）说结构主义是荷兰在1970年代之后唯一没有采用传统形式和材料但又是完全属于荷兰的建筑风格。[2]

最后让我们对结构主义建筑做一个总结。把结构主义建筑放到20世纪50年代至70年代的历史社会发展中看，它顺应和迎合了那个时代出现的大众对个人自由和权利的追求。随着战后福利社会的形成，欧美资本主义国家出现了普遍的对传统权威的抗争和个性解放的社会运动。结构主义建筑由于其对集体／个体、限制／自由等关系的思考，其空间性的操作确实顺应了那一时期的社会生活的潮流（图13）。在社会科学和文化批评领域中，1960年代出现了以语言学为核心的结构主义和符号学理论，并逐渐成为学术界的主流。结构主义把人类文化的各

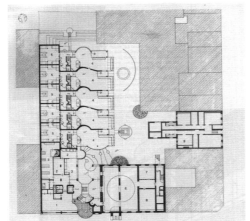

13.胡贝特斯单亲公寓一层平面,阿尔多·凡·艾克

个门类和社会系统类比为语言结构,试图从总体上解释和揭开当代资本主义体系和文明隐匿的"深层结构"。也正是在1970年代初,一些评论家依据人类学中的结构主义思想,把荷兰建筑中这一新的运动命名为结构主义建筑,也有人试图比较结构主义建筑中的结构与语言学中的结构的相似性。[3]必须指出,事实上,结构主义建筑中的结构其本意就是指建筑物的结构,和语言学中的结构概念没有关系。结构主义建筑师的设计思想和来源除了在人类学方面的参考与文化结构主义理论有部分交集外,基本是来自专业内部的思考。

赫茨伯格对结构主义的设计原则做了一个很巧妙的解释,他把结构单元比作国际象棋的棋盘,把人在其中的活动比作一盘棋局,棋盘上的格子(相当于结构单元)是固定的不可改变的,它限定了一套规则,棋子(人)的移动形成了千变万化的棋局。这个例子,生动而浅显地说明了结构主义建筑中的限定性和非限定性、规则与自由的关系。

结构主义建筑采用的小单元聚集的手法几乎是以不变应万变的套路。在这种形式中空间组织主要是自内而外生成的,因而呈现独立性极强的单元形态,这导致它常常与周边环境和城市空间缺乏互动。由于结构主义建筑排斥那种整体性，也造成库哈斯所批评的缺乏不同类型建筑的差异和可识别性。就建筑单体本身而言，各结构／空间单元之间也高度相似，建筑无所谓正面背面，有时使用者甚至很难找到入口。

要对结构主义建筑做一个总体的评价，我们必须回到建筑与文化的关系上，回到阿尔多·凡·艾克。在凡·艾克看来，建筑是不可能脱离社会而存在的。他对于人类学以及原始文化中建筑永恒性的关注，对西方启蒙运动的进步观念的怀疑，显示出他站在文化高度上对现代建筑与现代社会和文化的矛盾的清醒意识，以及对建筑意义根本性的追寻。必须指出，凡·艾克的思想是荷兰结构主义建筑的创造性和活力的重要保证。凡·艾克在结构主义思想形成的 1960 年代，意识到现代建筑师作为西方文化的继承人和参与者，已经无法应付大众社会的城市现实。现代社会对传统和地方风格的清除造成了文化空白，因此产生了无法调和的矛盾。他一针见血地指出："如果社会没有形式——建筑师们又怎能创造出与其对应的建筑形式呢？"[4] 这个论断深刻地揭示了结构主义所面临的困境。就此而言，结构主义建筑的目标是不可能完整实现的。

* 写于 2016 年，原载于有方 http://www.archiposition.com

注释

1. Kenneth Frampton. Modern Architecture: A Critical History. Thames & Hudson, 2007: 221, 299.
2. Wim J. van Heuvel. Structuralism in Dutch Architecture. Uitgeverij 010 Publishers, Rotterdam, 1992: 44.
3. 同上，38.
4. Kenneth Frampton, 2007:277.

转折
十次小组（Team X）与现代建筑的危机

十次小组形成和孕育于 CIAM（国际现代建筑协会），其活动一直持续到 1980 年代初。十次小组非常明确地反对 CIAM 在二战后所坚持的功能主义原则，也就是 1933 年《雅典宪章》所总结的功能分区理论以及抽象空间的观念，对现代主义建筑运动在 1930 年代之后的形式原则和教条化倾向进行批判。另一方面，十次小组的主要成员对现代化的正当性和其所代表的社会和时代的进步从未有过根本的怀疑。他们力图扩大建筑学的文化视野，纳入当代艺术、人类学和文化研究的新方法和成果，拉近社会现实与建筑实践之间的距离，使现代主义建筑重新获得实践的活力和推动文明进步的价值。因此，十次小组既是 CIAM 的终结者，又是它的延续。

十次小组不是一种建筑运动，它是欧洲建筑师在社会转型时期探索建筑实践的意义和建筑学发展的一个平台。十次小组以一种修正的方式发展了现代主义建筑运动的思想和方法。十次小组的实践及其对当代建筑学的影响已经被西方学术界和研究者论证和指认过，对十次小组的历史活动和主要思想的整理不仅具有历史价值，对建筑实践也有着实际参考意义。

1930 年代现代建筑的危机以及 CIAM 的转变

1929 年的经济危机不仅在经济上沉重打击了资本主义世界，使欧洲和美国陷入了衰退和社会冲突之中，而且对现代主义建筑和艺术产生了深刻影响。怀疑代替乐观主义，现代建筑的英雄主义时期结束。在 1930 年代，柯布西耶放弃了对机器文明的推崇。这种变化最直接地反映在他的建筑风格上，他的设计不再采用白色的机器般光滑的表面和抽象的构图，而是转向地方性的材料和乡土形式。在二战期间的英国，开始出现以瑞典等北欧国家的现代建筑与传统类型相结合的"软化的"现代主义为范例的"新经验主义"[1]。这种变化是对现代建筑抽象而缺乏日常生活丰富性的形式语言的一种矫正。由于政治社会形势的变化，在意大利、德国和前苏联则出现了国家机器支持的复古主义建筑。

成立于 1928 年的 CIAM 也发生了很大变化。1929 年之后，CIAM 中来自瑞士和德国的偏向社会主义的左翼建筑师如恩斯特·梅（Ernst May）、马特·斯塔姆（Mart Stam）、汉斯·施密特（Hans Schmidt）等人移居到苏联，参加社会主义工业化建设和城市规划。CIAM 逐渐被以柯布西耶为首的、政治立场偏向自由主义的建筑师所主导，CIAM 最初纲领中的把现代建筑当做社会改革的工具的指导思想被放弃。由于政治形势的变化，在二战前的 1930 年代中期，大批德国知识分子和艺术家逃亡到国外。CIAM 中的核心成员吉迪恩（Sigfried Giedion）、格罗皮乌斯也移居美国。在 1940 年代，吉迪恩和西班牙建筑师塞特（Josep Lluis Sert）在美国倡导"新纪念性"建筑，试图把现代主义的抽象艺术形式与社区价值和美国的民主观念结合起来。[2]

柯布西耶在 1930 年代逐渐完成对 CIAM 的"改造"，把其中德国表现主义的一翼如建筑师哈林（Hugo Häring）、门德尔松（Mendelson）等排斥在核心之外，在建筑设计方法上确立了抽象艺术形式的原则。柯布西耶在被德国占领期间的 1942 年改写和重新发表了 1933 年的《雅典宪章》，提出城市的四个基本功能——工作、居住、娱乐和交通以及功能分区的规划原则。这个原则简化了现代建筑运动的理论，使它更容易为公众和业主所理解。在二次大战结束以后，这个功能主义的原则迅速应用在欧洲的战后重建和城市规划中，成为指导性的纲领。

从 CIAM 到十次小组

在二次世界大战之后，柯布西耶试图延续和发展现代建筑设计的原则，在 1951 年的第八次 CIAM 会议之前，他提出用一个更为宽泛的"居住宪章"（Charter of Habitat）来代替《雅典宪章》。但这个想法由于 CIAM 内部的分歧始终没有付诸实施。另一方面他鼓励年轻一代的建筑师挑战现有体制和思想模式。1952 年他给塞特写信谈到 CIAM 的未来，认为只有年轻成员显示出真正的活力。1952 年 5 月 CIAM 特别委员会议在巴黎柯布办公室召开，签发了通函"CIAM 的未来"，决定到 CIAM 第十次会议的时候将由年轻一代建筑师主持，这也是后来 Team X 的最初由来。[3]

在随后 1953 年的 CIAM 第九次会议中，年轻一代建筑师与老一代建筑师分歧扩大。来自英国的史密森夫妇（Peter & Alison Smithson）公开挑战 CIAM 的功能主义城市原则，提出用新的社会组织的架构代替它，他们坚持用"住宅、街道、区域和城市"来代替《雅典宪章》的功能层级以及四种功能。来自阿尔及利亚和摩洛哥的建筑师展示了他们对北非传统居住形态的研究，老一代建筑师则认为这种混乱的、自发建筑的环境与建筑学没有任何关系。

1954 年在荷兰的多恩（Doorn）召开了一次年轻一代建筑师的会议，参加者除了荷兰建筑师巴克玛（Jaap van Bakema）、凡·艾克（Aldo van Eyck）、金克尔（Daniel van Ginkel）、斯塔姆（Mart Stam）之外，还包括来自英国的史密森夫妇。这次会议提出了一个关于栖居（Habitat）的声明，直截了当地拒绝了《雅典宪章》，声称按《雅典宪章》设计出的城市无法充分表达社会共同体（Social Association）的活力，要理解这些社会共同体，必须把每个社区看作特别的完整的综合体。基于这种认识，史密森夫妇提出了一种山谷模式（图 1），认为对建筑的研究应该围绕独立住宅、村落、城镇和城市这样几个层面展开。一般认为，多恩会议标志着十次小组正式登上历史舞台。

CIAM 第十次会议于 1956 年在杜布罗夫尼克（Dubrovnik）举行，塞特宣读了柯布西耶的信，信的主题是"危机还是变迁？"。柯布西耶对比了 1928 年形成《雅典宪章》的一代人和 1950 年的一代人，他指出"时间将会提供指引"，

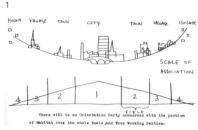

1. 山谷模式，史密森夫妇

出生于 1916 年左右、当时 40 岁的一代人是"唯一可以从个人角度深刻感知实际问题、找到前进方向和达到目标的手段、看清楚当前状况下的急迫任务的一群人，他们了解这一切，而他们的前辈们不再认识到这些，他们出局了，他们不再处于形势的直接影响之下"。[4]

这次会议围绕着柯布西耶的信，以及现代建筑第二代建筑师，也就是所谓"中间一代"与年轻一代之间的争吵展开。随后在 1957 年 5 月，史密森夫妇在一封信中宣称 CIAM 解体。1957 年 12 月，CIAM 重组委员会在瑞士拉萨拉兹召开会议。这是最后一次 CIAM 会议，会上提出把 CIAM 名字改为"CIAM：社会与视觉关系研究小组"。

1959 年，新一届会议在荷兰奥特洛（Otterlo）召开，共有来自 20 个国家的 43 名代表参加。这次会议被称作 CIAM 59，也被认为是第一届十次小组会议。在这次会议上，凡·艾克做了题为"建筑学将要回归基本价值？"的发言，把十次小组与艺术先锋派联系起来。他认为人在任何地方、任何时候实质上都是相同的。凡·艾克把建筑分为三类，第一种是古典建筑，代表一种不变的静态的艺术价值；第二种是乡土建筑；第三种是现代建筑，代表变化和运动的本质。他介绍了几个近期设计作品，其中最主要的是阿姆斯特丹孤儿院。意大利建筑师德·卡洛（Giancarlo de Carlo）介绍了自己的住宅设计，他的方法是在现代建筑形式和地方文化特征之间进行调合。他还讨论了当代建筑的状况，认为 CIAM 早已死去，提出是否建立一个新的国际

2. 米兰维拉斯加（Velasca）塔楼，
欧内斯特·罗杰斯

组织继续建筑文化的讨论。史密森夫妇介绍了他们关于伦敦道路系统的研究。来自日本的丹下健三介绍了东京都市政厅和香川县厅舍的设计。荷兰的人类学家赫尔曼·哈恩（Herman Haan）介绍了他 1951 年与凡·艾克一起到撒哈拉沙漠的旅行和对原始文化的考察。会议最后由路易·康作总结。康的讲话题目是"建筑艺术是充满思想的空间制作"。[5]

这次会议中最大的分歧发生在第二代现代建筑师意大利人欧内斯特·罗杰斯（Ernesto Rogers）和史密森夫妇与凡·艾克之间。罗杰斯介绍了他设计的米兰维拉斯加（Velasca）塔楼（图 2），这是一个外形混合了意大利古城堡形象、但结构和平面是现代建筑的高层建筑。史密森夫妇和凡·艾克对这种折衷的形式主义的处理极为不满。罗杰斯则认为史密森夫妇完全不了解意大利的文化状态。他最终回应说，他们之间完全不能沟通，是因为史密森夫妇"用英语想问题"[6]。同样可以想象，史密森夫妇对于丹下健三的结合了日本传统建筑形式的香川县厅舍也不满意，认为这在日本的特定历史和社会中也许有意义，但对其他建筑师来说是不具备必然性的。

在会议中，以史密森夫妇和凡·艾克为首的一部分成员宣布停止使用 CIAM 这个名称，并把这个消息散布到建筑媒体。1959 年 10 月英国的《建筑设计》杂志撰文宣称，奥特洛会议正式宣布了 CIAM 的死亡。随后在 1960 年 3 月，《建筑评论》发表了一篇题为"CIAM：再生的努力在奥特洛遭到失败"的文章。虽然之后吉迪恩等人反驳了这一说法，但 CIAM 的解体已无可挽回。

十次小组的代表作品及其设计实践的困境

年轻的十次小组成员对于现代主义教条的不满表现在战后城市重建和新城规划当中。在 1953 年普罗旺斯的第九次 CIAM 会议中，十次小组的成员们对之前的 CIAM 报告提出批评："人可以把自己家的火炉视为自身的同一体，但却难以与他家所在的城镇取得认同感。……贫民区中短而窄的街道常常取得成功，而宽阔的改建方案却往往遭到失败。"[7] 从这种反对的声音中可以看到对 CIAM 的功能主义教条的极端反感和不信任。

十次小组的核心成员摒弃了 CIAM 的理论教条，主张用实际工程来具体地展示和检验对特定问题的思考和解决方案。在之后的十次小组会议中，参与者都采用实际工程和方案设计的方式进行讨论。在整个 1950 年代后期到 1970 年代，随着欧洲福利国家的建设，十次小组成员的设计主要有城市中心区更新计划、大型住宅区建设、新的大学规划这三种类型。其中最具代表性的设计有图卢兹城市扩建（Candilis-Josic-Woods, 1961—1971, 图 3）、特拉维夫城市中心（Van den Broek and Bakema, 1962, 图 4）、柏林自由大学（Candilis-Josic-Woods, 1963—1973, 图 5）、法兰克福城市中心设计（Candilis-Josic-Woods, 1963）、

3

3. 图卢兹城市扩建（Candilis-Josic-Woods, 1961—1971）

4

5

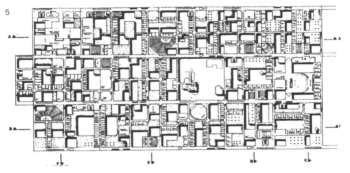

6

4. 特拉维夫市中心（Van den Broek and Bakema, 1962）
5. 柏林自由大学（Candilis-Josic-Woods, 1963—1973）
6. 拜克住宅区（Ralph Erskine, 1968—1981）

7

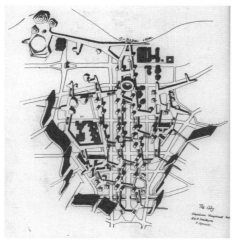

8

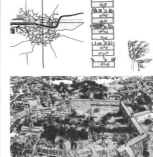

9

7. 柏林中心区规划竞赛（Berlin Haupstadt, 1957），史密斯夫妇
8. 伦敦金巷住宅区规划
9. 阿姆斯特丹孤儿院，凡 · 艾克

拜克住宅区（Ralph Erskine, 1968—1981, 图 6），当然还有史密森夫妇参与的柏林中心区规划竞赛（Berlin Haupstadt, 1957, 图 7）、伦敦金巷住宅区规划（图 8）以及凡·艾克 1950 年代末的阿姆斯特丹孤儿院（图 9）。

从规划设计形态来说，这些设计分成以下几类：①树形（图卢兹扩建）；②网络形（柏林中心区竞赛、柏林自由大学等）；③巨构（特拉维夫中心区规划）；④偶发形式（拜克住宅区）。这些形式与现代建筑理论所强调的功能主义和孤立的形态相对立，反映了十次小组一代建筑师寻找建筑空间与社会功能和组织活动相对应的形态的努力。

但是需要指出的是，尽管十次小组的核心成员对 CIAM 的教条持批判态度，他们大多与柯布西耶的设计思想保持密切的关系。伍兹（Woods）和坎迪里斯（Candilis）原来就为柯布西耶工作，他们的设计方法深受柯布西耶的影响。史密森夫妇在他们的金巷改造规划方案中采用的住宅类型取自马赛公寓。只有凡·艾克和德·卡洛的设计方法与柯布西耶没有直接关系。凡·艾克的设计无疑为十次小组树立了一个建筑的范式，打开了不同于现代建筑设计理念的另一出口。凡·艾克 1955 年开始设计的阿姆斯特丹孤儿院代表了十次小组中最典型的建筑类型和空间组织的形式。他通过把建筑空间划分为小的组团，形成复杂的、不能一目了然辨识的内部联系方式，并且与孤儿院的班级相对应，在空间形态和社会组织之间建立起联系。凡·艾克从人类学角度出发，拒绝把空间当成某种抽象的、中性的、与人类活动无关的东西，这种观点与现代主义建筑中的空间理论完全不同。凡·艾克针对现代城市空间的价值基础缺失和多样性的匮乏提出的意义（meaning）和场所感（sense of place）成为取代空间概念的新的理论基础。这些概念也为后来的后现代主义理论所借用，成为新的形式主义泛滥的借口。

从凡·艾克以及史密森夫妇的建筑设计中，可以看到这样的价值取向，即用人类学、现象学的观点代替现代建筑的功能主义，

用经验主义取代现代建筑的理性主义。在十次小组之后，当代
建筑的思想经历了一个由关注普遍性到关注特殊性、由抽象到
具体的转向。由于同样的原因，十次小组的成员对公众参与这
一福利国家规划与建设的新的权利模式持欢迎态度，这使得十
次小组总体上和现代主义的精英主义很不一样。他们的政治立
场也和柯布西耶领导下的 CIAM 中占主导地位的自由主义不同，
普遍对资本主义体制保持怀疑和批判态度。在 1960 年代中期的
社会变革之后，十次小组的某些成员表现出了非常激进的政治
态度。德·卡洛在 1968 年的《使建筑学合法化》中指责现代建
筑的纲领已经堕落为剥夺普通人权利的工具。

十次小组的立场是采用修正主义的方式对现代主义进行变
革。当现代建筑的乌托邦理想和价值观被社会质疑，被资本主
义经济发展抛弃之后，十次小组的思想也不可避免受到波及。
1970 年代资本主义世界由凯恩斯主义转向新自由主义，高涨的
个人意识和电子媒体支撑的大众文化催生了建筑中的反精英主
义和波普建筑。十次小组的立场处在一个很尴尬的位置。他们
为多数人的社会呐喊，可是却被大众文化认为是精英主义。同
时 1960 年代之前西方国家普遍实行的福利社会政策也逐渐被多
数国家放弃，在这样的社会环境中，十次小组的集体主义价值
观再无用武之地。

十次小组所关注的社会性和城市空间的价值之间的关联以
及多样性的缺失之所以没有得到解决，也许根本原因在于现代
文化和文明的根本矛盾。在现代性当中再也不可能形成任何像
古典文化那样的统一性和整体性，社会生活和文化、经济结构
的对立和矛盾冲突正是现代社会的基本特征和形态。

* 写于 2009 年，原载于有方 http://www.archiposition.com

注释

1. Eric Mumford. The CIAM Discourse on Urbanism 1928-1960. The MIT Press, 2000: 167.
2. Joan Ockman. Architecture Culture 1943-1968. Rizzoli International Publications, 1993: 29.
3. Eric Mumford, 2000: 218.
4. 同上，248.
5. 同上，262.
6. Joan Ockman, 1993: 300.
7. Kenneth Frampton. Modern Architecture: A Critical History. Thames & Hudson, 2007: 271.

通俗建筑、数据设计、作为网络和流动要素的城市
与 MVRDV 有关的几段往事

　　我本人 2000 年左右在前贝尔拉格学院求学期间，MVRDV 的合伙人之一维尼·马斯（Winy Maas）正在那里担任设计课和论文导师，刚刚推出了 3D 城市和功能混合器等几个与城市研究相关的方法。十几年过去了，MVRDV 的基本立场和设计方法没有变化，即城市是流动性和信息网络、社会需求和价值互动的领域，建筑和城市设计是实现现代城市生活价值的手段和工具；建筑和城市设计建立在数据（data）收集和整理的基础上；类型和功能混合是其设计的基本手法。

　　本文就我个人经历和所看到的资料谈一谈 MVRDV 的设计方法以及和当代城市理论相关的几个问题，概要性地讨论他们的理论和设计方法与历史的关联。

　　1

　　首先有必要在当代建筑的谱系上给 MVRDV 一个大致的定位。众所周知，MVRDV 当中的两位合伙人马斯和德·弗里斯（de Vries）都在库哈斯的大都会建筑事务所（OMA）工作过，他们关于建筑、城市、当代文化的认识和审美比较明显地受到库哈斯的影响。我认为从文化价值观和当代艺术观上看，MVRDV 和库哈斯一样属于发端于超现实主义和达达主义，经过战后欧洲和美国的通俗艺术传递下来的一支。这一阵营在源头上对现代大都市文化中随机、偶发的现象格外有兴趣，用反

理性主义的方式对粗鄙琐碎的日常生活当中隐藏的秩序进行发掘，倡导所谓现成品的艺术。属于这个派别的建筑师一般与绘画中的通俗艺术家一样承认现实和赞赏大众文化。在规划设计的策略上他们主张一种渐进式的、在现有基础上修修补补的方式。

与这一派相对立的是包括立体主义、荷兰风格派和俄国的至上主义等抽象艺术流派的传统。这一阵营主张从现实之外寻找艺术和精神生活的出路，推崇革命性的解决方案。他们采用的艺术形式和现实生活没有什么直接的联系。属于抽象派阵营的建筑师怀有乌托邦的理想，主张激进的、总体式的解决方案，把旧的东西全部推倒，建立一个全新的秩序。为了论述方便，本文把这两派分别称作通俗派和抽象派。

在二战前，抽象派是现代主义建筑的核心，也是建筑学的主流。我们都知道这方面的旗手是柯布西耶。他一贯主张用激进的推倒重来的规划方式解决城市问题和社会问题。

在二战后到 1960 年代，欧美社会和文化经历了一个剧烈的变革时期。在建筑学当中，最主要的变化是通俗派压倒抽象派成为主流。主要原因是抽象派的全面推倒旧秩序、用理想城市取而代之的理念及其功能主义的教条在战后重建中遭到失败，而且他们的乌托邦理想和新兴消费社会及大众文化追求个性自由的趋势严重对立。这个时候抽象派建筑师开始放弃用规划和建筑手段从整体上改造社会的乌托邦目标。这种情形实际上代表了现代主义社会价值体系的崩溃，导致现代建筑的形式语言和其社会意义及功能分离。

我们从这一段历史中看到，1950 年代以后越来越多的建筑师开始对历史和乡土建筑产生兴趣，实际上是上述趋势的一个外在表现。从那时候起，至少从建筑的形式语言上看，通俗派和抽象派之间的差异变得不那么清晰了。相当一部分的抽象派转向了通俗派。

这里应该提到的一个问题是，之前建筑学中的一些核心概念遭到批判，被另一些新的概念取代。在二战后，一些建筑师从人类学和社会学中引入了场所（place）和协作体（association）这样的概念来代替抽象派的核心概念"空间"。1950年代直接参与了战后通俗艺术运动的建筑师史密森夫妇（Alison and Peter Smithson）和同时期的英国艺术家一起，对城市生活中的人的活动场所以及相关文化形态和产品进行了观察研究。他们也是比较早地从城市尺度来思考建筑问题的建筑师。史密森夫妇受现代的大众文化和传播技术以及渗透到生活每个角落的消费品的启发，认为形象（image）是现代建筑设计很重要的一个方面，它比空间这种抽象的观念更有价值（图1，图2）。受到史密森夫妇等战后通俗派建筑师的影响，1960年代初年轻一代的建筑师阿基格拉姆小组（Archigram）更进一步把现代技术和城市形象合二为一，发展了一套基于通俗文化和未来科技的城市观念和设计。他们的设计方案基本上用形象代替了传统的空间，用城市和现代技术的图像代替城市实体本身，颠覆了传统建筑学的空间和设计的手段和工具。在这里需要指出的是形象也正是MVRDV的设计方法的重要支撑和出发点之一。在从所谓数据基础向设计方案转化的过程中，形象起了一

101

1. 亭子与院子，装置，史密森夫妇及尼格尔·亨德森，1956
2. 爱德华·保罗齐的拼贴画，1950年代初

3. 2000 年汉诺威博览会荷兰馆，MVRDV

个重要的桥梁作用。相对于传统的结构、场地和材料等要素，形象占据了一个核心位置。MVRDV 在这一点上十分靠近 1960 年代欧洲的通俗主义先锋派。在某些建筑中，MVRDV 提供的甚至是图像式的方案（iconographic design）（图3）。

同时在 1960 年代，在美国出现了后现代主义建筑。这是战后通俗派阵营在建筑领域影响最大的一支，其中的代表人物是美国建筑师罗伯特·文丘里。如我们所看到的，文丘里的所有著述都与抽象派的原则相对立。和抽象派鄙视低俗的大众文化截然不同，后现代派对现代主义文明中的商业主义以及在这个基础上发展起来的城市文化持赞赏态度。他们嘲笑现代主义乌托邦，反对抽象派的精英主义，赞扬消费社会的活力。文丘里说大街上的东西几乎都是好的。他和丹尼斯·斯科特·布朗对拉斯维加斯的调查研究最典型地体现了这一价值取向。文丘里和其他一些后现代建筑师把建筑与商业空间和传播渠道进行对照，认为建筑首先是一种传递信息的符号交流系统。

和文丘里的观点对照，可以发现 MVRDV 的导师库哈斯也是同样的态度。自 1970 年代起他不断为那些抽象派和主流精英建筑师所不齿的东西辩护，从商业帝国纽约的摩天大楼到毫无设计品味的购物中心和商业空间以及拉斯维加斯。因为这个态度库哈斯被有些人半开玩笑地称为"平庸事物之王"（The King of Banality）。毋庸置疑，库哈斯建筑家族的基本价值观和 1960 年的通俗主义先锋派有千丝万缕的联系。

但是在设计层面上，包括 MVRDV 在内的库哈斯家族大部分的建筑师都和美国的后现代截然不同。他们否认建筑是一套交流的符号系统这样的观点。他们认为建筑是实现社会目标

4

4. 24小时商业空间功能构成图解，横滨都市设计论坛，1992

和功能的载体和工具。在建筑形式上他们绝不会搬用传统建筑或者流行商业建筑的形象。以 MVRDV 为例，建筑的价值不在于交流和传递信息的功能，而是满足社会需求和相关功能的空间结构，所以他们常常表现出对建筑的形式和美丑毫不在意的状态。在这一点上，MVRDV 及其同道倒是非常靠近现代建筑的传统。也因此他们的设计依赖于对功能（program）和建筑内容的分析解读（图 4）。所谓数据空间就是建立在这样一种方法上。

2

在设计方法上 MVRDV 继承了荷兰现代建筑的传统。他们一直以来所倚重的数据设计、数据景观（datascape）的路径就是这个传统的重要组成部分。这个传统一方面来自荷兰现代建筑和规划专业领域，另一方面来自荷兰自身的社会传统和纯粹技术的需要。作为大航海时代崛起的国家，荷兰的运输和商业物流一直十分发达。在这些传统行业中，数据分析和统计必不可少。

前贝尔拉格学院的研究生纳纳·德·鲁（Nanne de Ru）在 2001 年的一篇关于荷兰建筑师范·伊斯特伦（Van Eesteren）和规划师洛赫森（C. van Lohuizen）的文章中讨论了荷兰数据调研和规划的传统[1]，实际上也指出了 MVRDV 的数据设计和现代主义城市规划的传承关系。

按照德·鲁的解读，荷兰现代城市规划的方法及其相关技术和法规在 1920 年代经历了一次大的变化。围绕首都阿姆斯特丹的城市扩建，以建筑师范·伊斯特伦和规划师洛赫森为首，吸取英美在那一时期的城市研究和规划设计的方法，形成以调查统计和数据分析为规划设计提供补充和支持的方式。

荷兰现代城市建设在欧洲国家中自 19 世纪以来一直处在领先地位。在一战前后，阿姆斯特丹进行了大规模的城市扩建，负责这一规划设计任务的是荷兰第一代现代建筑师贝尔拉格，这一扩建主要以公共住宅建设为主。在 1920 年代随着现代城市生活的变化，城市问题日趋复杂，贝尔拉格规划的模式面临很多问题。洛赫森和范·伊斯特伦在担任新成立的城市发展规划局的负责人之后，着手从交通问题和休闲空间的规划入手，制定新的规划模式和方案。他们两人在 1910 年代求学时期和职业生涯早期分别接触到了英国花园城市规划中所采用的以城市生活数据调查和踏勘作为城市规划基础的方法²。参照这样的做法，洛赫森和范·伊斯特伦动用大量人力对阿姆斯特丹的交通和休闲设施的使用情况进行统计调查，并依据统计数据对城市生活中与居民生活相关的各项指标进行分析和预测，制定相关的规划指标。同时他们也对阿姆斯特丹的城市绿地、体育运动和休闲娱乐设施需求进行了研究，并做了扩建规划。

在对道路机动车进行调查时，城市发展规划局组织了上千人到城市道路上统计车辆数（图 5，图 6），为了方便协调，他们甚至租用了飞机来发布信息。在提交最终的规划图纸时，还附上了大量的相关调查数据。他们参照有关数据对荷兰家庭的基本状况，比如平均家庭人口进行近期和远期预测，并据此制定规划扩建方案。对一些基本生活设施的情况，如自行车的使用数据也进行了调查。在对城市公园绿地和休闲娱乐设施现状进行调查后，参照其他国家的状况制定人均指标，编制扩建规划方案，并据此方案在阿姆斯特丹南部博斯地区（Amsterdam Bos）建了大规模休闲娱乐设施。

5   6

 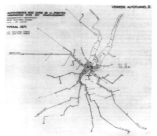

5. 用计数器统计交通量，阿姆斯特丹
6. 靠近 IJ 码头的交通量地图，阿姆斯特丹

由于范·伊斯特伦在阿姆斯特丹扩建中的经验，他在 1933 年 CIAM 第四次会议上主持提供了主要的议题，成为以《雅典宪章》为代表的功能主义城市规划原则的主要参与者之一。根据荷兰的经验，范·伊斯特伦在 CIAM 第四次会议提出了以生活（living）、工作（working）、基础设施（infrastructure）和休闲（entertainment）四项城市主要功能为核心的规划原则，并与其他国家与会者一起提交了 33 个城市的调查报告，这些都为之后《雅典宪章》的形成提供了基础。也由于这样的成果和在城市规划领域的经验，范·伊斯特伦被推选为 CIAM 的主席。而其所采用的准科学的调查统计方法和以数据调研为基础的规划方式也成为今天城市规划普遍采用的形式。

3

我想谈的第三个问题是 MVRDV 的城市观。在 MVRDV 的设计中，还有一个很清晰的态度，即他们是把对城市问题的分析作为建筑设计的前提，或者说得简单一点，他们和库哈斯一样，认为规划是高于建筑的。如果把城市看作是由静态的建筑物，如街道、广场、办公楼、住宅等，以及流动性的人的活动、生产和交换行为这两种系统的话，MVRDV 显然认为城市的本质或者说决定性的要素是后一种流动性（见图 3）。城市空

105

间作为一种流动性的系统是当代城市理论的一个重要转向。在
1990 年代之后全球化时期的建筑学理论中，这种观点一直占
据着主流位置。所谓流动性包括了交通、基础设施、物流、信
息系统，等等。实际上这种城市理论也发端于 1960 年代。哥
伦比亚大学的马克·威格利（Mark Wigley）曾经在一篇文章《抵
抗城市》（Resisting the City）中谈到城市作为一个网络和流动
交流相对应城市作为空间、建筑组合的传统建筑系统认知的新
观点和方法的一段历史 [3]。这篇文章所谈到的基于通讯技术的
城市概念的兴起以及同时代美国和欧洲建筑师的探索揭示了从
库哈斯到 MVRDV 以至当代建筑学的一种基本城市观念的历
史渊源，值得在这里详细加以介绍。

　　2001 年马克·威格利在《抵抗城市》这篇文章中回顾了
美国 1960 年代的一段城市观念和城市规划变化的历史。其中
最主要的人物是城市规划理论家马尔文·韦伯（Melvin Web-
ber）。韦伯在 1963 年发表了一篇论文《多样性的秩序：离
散的社区》（Order in Diversity: Community without Propinqui-
ty）。他这篇文章的主要观点是，由于通讯系统和技术的发展，
城市已经极大地分散化了。和作为物质性的组织系统的城市一
样，新的通讯系统也形成了各种组织。城市变得越来越复杂，
像一个不断扩张的网络系统，物质性的边界越来越无关紧要。
人们越来越依赖于远程通讯工具，如广播、电话、电视，形成
各种社会关系，而不是和住在附近的人组织在一起。显然我们
可以看出，韦伯的研究对象主要是洛杉矶这样的低密度、郊区
化、依赖于机动车的美国城市，但他的观点是不可见的信息流
决定了人们的生活，实体建筑物不再决定空间秩序。城市是低
密度（如洛杉矶）还是高密度（如纽约）已经不重要了，信息
和交流的强度才决定了城市生活的密度。

　　韦伯的理论里包含着一个对传统建筑学而言致命的结论，
就是城市中那些由建筑师设计的物质性的空间系统和组织，是
形成和支撑各种信息的过程，而这些过程反过来又颠覆和超越

了物质性空间体系。韦伯声称"空间分隔不再与功能关系有关，定位模式也不再是秩序的一个指标。"[4] 在这样的观念下，大多数学校的传统训练都没有什么意义和用处。韦伯批评规划专业对建筑学的依赖，认为建筑师是多余的，他们过于迷恋物质实体，不了解非物质的系统如何组织影响人们日常的文化生活。韦伯的观点产生了非常大的影响，按威格利的说法，规划学院突然之间就和建筑学院脱钩，再也没有恢复关系[5]。

在他的影响下，那个时候的年轻建筑师理查德·迈耶也写了一本名为《都市生长的一种交流理论》的书来讨论相关问题。而库哈斯一直以来都把规划和建筑对立起来，这种态度也是来自于 1960 年代。

韦伯随后在 1964 年和 1968 年又分别发表了两篇有影响力的论文：《都市场所与非场所的都市领域》（The Urban Place and the Nonplace Urban Realm）和《后城市时代》（The Post-City Age）。在其中他继续对城市进行分析，进一步把城市定义为大众交流的交换机房。他重申城市的质量在于它支持各种各样的信息，而不在于建筑物的设计组织。其中物质密度的重要性让位于信息和交流的强度，场所让位于非场所。社会生活与城市空间形式脱离开，空间成了多余的概念。

威格利还提及了当时建筑师的一些理论探讨。1965 年美国建筑师查尔斯·摩尔同时与韦伯在加州任教，他写了一本书《你必须为公共生活付费》（You Must Pay for the Public Life）。在书里他盛赞洛杉矶为非场所性的场所，一个漂浮的世界，它的建筑精华是高速公路和迪斯尼乐园。而这些他赞赏的东西都是传统建筑师所鄙视的。

另外一位我们前面提到的建筑师罗伯特·文丘里和其夫人丹尼斯·斯科特·布朗也在同一时期出版了《建筑的复杂性与矛盾性》一书。威格利特别提到，在书的末尾文丘里声称美国人不需要广场，他们可以待在家里看电视。实际上这是一种用电子信息取代建筑空间的极端说法。与查尔斯·摩尔一样，文丘里的夫人斯科特·布朗在1965年前后也在伯克利任教，他们后来发表《向拉斯维加斯学习》时在前言中提到韦伯是对他们有影响的人之一。文丘里和斯科特·布朗提倡用交流代替空间、用交流主宰空间的建筑观[6]。他们认为建筑的基本机制和表现手段是装饰的体系，因此建筑也是一种交流的系统。在《向拉斯维加斯学习》中他们声称今天与建筑学相关的进步来自当代电子技术。摩尔和他们一样，也声称场所是由电子信息决定的。

就在1960年代和1970年代初，欧洲年轻一代建筑师对于建筑、城市和当代文化的观点也大量地建立在技术幻想和信息系统的驱动上。威格利在文中提到了普莱斯（Cedric Price）、阿基格拉姆、超级工作室（Superstudio）、建筑视窗（Archizoom），日本的新陈代谢派，以及奥地利的豪斯 - 路德 - 科（Haus-Ruder-Co）、汉斯·霍莱恩和蓝天组这样一些1960年代至1970年代的先锋派建筑师，认为他们的作品都建立在关于电子时代的城市的构想之上。城市在他们的方案中像一个巨大的信息系统，像一台计算机，可以交流、漂浮或行走（图7，图8）。

威格利指出这些方案和设想也都有更早的渊源，它们的先驱者是1920年代、1930年代的建筑师如富勒（R. B. Fuller）和苏俄的先锋派。富勒设想过一种飞行单元式的建筑，可以布

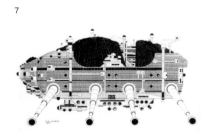

7

8

7. Ron Herron, 行走城市，1964
8. 豪斯 - 路德 - 科（Haus-Rucker-Co）屋顶绿洲结构，
   1971—1973

置在地球上的任何地方，再通过电子通讯系统联系起来。苏联的先锋派建筑师莱奥尼多夫（Ivan Leonidov）在 1930 年代也提出过一个分散城市方案，各部分由大型广播发射装置相互联系。这些方案堪称对城市流动性的可能性最早的尝试。

* 本文首次发表于《城市·环境·设计》2009 年第 11 期。

注释

1. Van Esteren & van Lohuizen, Bas Princen, Nanne de Ru.
   Research for Research. The Berlage Institute, 2002: 207-258.
2. 同上，218.
3. Trans Urbannism//Mark Wigley. Resisting the City.
   V2-Publishing/NAI Publishers, Rotterdam, 2002: 103-120.
4. 同上，106.
5. 同上，109.
6. 同上，111.

建筑评论

追求真实
关于张永和的建筑创作

对于张永和建筑创作的观念和实践，我想将其置于西方建筑思想与文化发展的大背景中加以介绍和分析，来说明其中所包含的一种重要的思想和方法，或许可称之为"建筑的现象学"。

新的建筑观：叙事、电影与建筑

在张永和看来，建筑与作为个体的（而非抽象的）人是密不可分的。作为个体的人，是指生活中的人，即不能把他分解为生理、心理、社会、文化等诸因素的具体人。当你谈到建筑的时候，你就是在谈由人体验到的建筑，而非客观抽象物。同样，从事建筑创作的建筑师也是一个个体的人。因此创作与生活、与建筑师的个人经验应该是一致的。

从这种基本认识出发来看建筑，它就成为与个人经验不可分割的事物。如果不用分析、抽象的方法分解个人经验，那么经验就是由一连串的事件构成的。可以把建筑看作一个事件。相应地，建筑设计在一定程度上就是包括建筑师个人在内的"叙事"。

这种"叙事建筑"的观点与传统的建筑观是有很大不同的。传统建筑思想的研究对象往往是"没有人"或与某种概念化了的人有关的建筑，即把建筑的形式体系及内涵与具体的人隔离开。在古典建筑中，建筑形式的选择、运用，往往是为了某一风格（这种风格的倡导者总是声称它体现了某种真理）。在现代主义建筑中，合乎逻辑的建造、反映现代技术文明和对功能的合理性的追求，成了建筑师工作的核心。前二者是有关外在于人的程序和手段的，因此与人的经验无关。而功能又往往意味着可以通过建筑师的头脑加以分析、筛选，排除人的主观认识局限而达到完全客观的一种关系。这种关系是不因人而异的，因而也是与具体的人无关的抽象的客观存在。而在后现代主义建筑中，建筑被看作是一种语言符号系统，它的价值很大程度上在于反映了社会、历史和文化的某些内涵和意义。很明显，这也与具体的人相去甚远。当然，有时人们也谈到建筑在人的内心激起的某种感觉效应，但这种感觉是被完全分解了的人的经验的一部分。

概括来说，在传统的西方建筑观中，就像其他文化思想领域中一样，隐含着这样一种认识：在现实世界之外，还存在着一个形式上的真理世界。人的存在价值、意义就在于通过自己的行动发掘这个世界。而作为建筑师（艺术家），他们的使命就是通过自己的作品来解释真理，就像牧师通过讲经布道向人们揭示上帝这一绝对真理的化身的存在一样。他们是介乎上帝与人之间的"半神半人"。建筑的价值在于它是否揭示了这个外在真理世界，这样就或多或少成了与具体的人无关的"表现"。

在叙事建筑中，建筑师被重新置于人的位置，他以事件的主角的身份观察、设计建筑，因而处于建筑创作核心的是具体的人而非抽象简化了的使用者。他进入建筑中，观察、体会这里的空间，按他自己的想法赋予建筑以各种含义。这里不存在建筑师编织好了等待人们去发现的本质或意义，不存在终级的解释，建筑就是它本身，而不是承担各种文化、历史的意义或某种风格的载体。这样也就解除了外在"真理世界"对建筑的压迫，从而恢复人的主宰地位。具体说，人在建筑中的经验，就是当他真实地穿越、经过不同的空间所获得的全部感觉。那么，时间[1]和人观察建筑的角度无疑就是其中最重要的两个因素。

在具体方法上，张永和选择了以电影作为观察和思考建筑叙事的一种手段。电影通过随时间不断变化的一个个镜头（人的视角）的组合来叙事，它本身也就包含着对空间的安排、设计。它的很多意图、想法是通过背景设计、制作（实际上就是简化了的建筑设计）实现的。因此在通过对空间的安排来达到叙事的目的这一点上，电影与叙事建筑是一致的。唯一的不同是"在建筑中人可以移动到任何一点，而电影中的观察者是静止不动的，空间在银幕上不断变化。"[2]因而很自然地电影就成了研究建筑中叙事的一个重要工具。

上面从理论上简要介绍了叙事建筑的基本思想。以下是笔者就叙事建筑涉及的几个基本方面提出的问题和张永和对此的看法，从中我们能更清楚地理解叙事建筑观。

问：你所说的"事件"一词的确切含义是什么？因为"事件"在不同的场合有不同的意思。文学中讲"事件"，哲学、历史中讲"事件"，绘画中也讲"事件"，甚至物理学中也讲"事件"，那就又是另一回事了。那么你是怎么看待叙事建筑中的"事件"的呢？

还有关于建筑师的地位的问题：既然是设计一栋建筑，那么建筑师总是要起作用的，也就是说要操纵、控制一些东西。在叙事建筑中建筑师与传统的、一般的建筑设计有什么不同呢？

答：关于"事件"一词的定义问题，的确很模糊。我的解释只能是与"功能""活动"之类抽象的字比较。功能、活动说的是概括的现象：人抽烟。事件是指一个具体的情况：张三慢慢地吸着一支"大前门"。所以通过事件看问题，人（建筑师）是他观察、制作的东西的一部分，也就是说控制是局部的。传统的建筑师是飞在空中俯视着下面搞设计的，是全知的，像传统的讲故事的人。[3]谈功能时，建筑师是超人，他看着人抽烟。谈事件时，建筑师也许坐在张三对面，也许是李四，也许自己也在抽烟。他只知道张三在抽烟，不想演绎或归纳。

问：电影与建筑之间有不少差异，电影主要是人的一种审美活动，而建筑则要涉及更多的方面，不仅仅是审美的、还有实用的、社会的，等等。……电影叙事中的"事"和建筑叙事中的"事"是有很大差别的，你是怎么看的？

答：把电影和建筑放在一起，不是因为它们有多少共同之处，有没有共同之处也无所谓。把它们放在一起，是企图用电影的思想想建筑，从而发现新建筑。我感兴趣的电影常常没有什么"故事"，我希望能抛开线性的故事情节来讨论叙事，这样的电影和建筑叙述的都是最基本的同一件事，尽管角度、方法都完全不同。逛故宫（看建筑）和看《末代皇帝》电影的人都是普通人，想知道的事本质上也是同一个……

可以看出，叙事建筑中的"事件"虽然比较接近文学中的概念，但绝不就是"讲故事"的意思。另外，张永和对电影叙事的认识和对建筑一样，并没有试图把人（观众）与（电影）叙事分开，看待问题的角度和方法也不同于传统的分析法。

追求真实：建筑的现象学

上面的介绍概括地勾划了叙事建筑的理论框架，从中我们已经能够感觉到叙事建筑在基本建筑观和创作方法上与传统建筑的不同之处。它从理论上为我们恢复人与建筑的亲密关系开辟了一条通路。

在这里还必须从另外一个角度来认识叙事建筑，否则就无法在一个完整的意义上认清它的价值。这就是现象学的观点。当前面我们说谈建筑就是谈由人体验到的建筑而非客观抽象物的时候，实际上就是在引用现象学的观点。在 20 世纪初，德国哲学家埃德蒙德·胡塞尔（Edmund Husserl）提出的哲学现象中有一个很著名的口号："回到物自身！"它意味着现象学作为一种新的哲学概念，更加关注具体的事物和人的感觉经验，而不是像以前的哲学思想那样着重于超越一般具体事物的实在内容进行演绎和归纳整理，总结出一套概念体系。它所包含的一种关于人类认识的观点就是：人的意识总是关于某一事物的意识，也就是说意识总是有它的具体对象的，它不能被抽象地加以分析。而所谓"现象"，就是指意识的具体对象在意识中的直接呈现，或者不太规范地说就是人的经验。

在前面有关叙事建筑的基本观点中，我们已非常清楚地看到了与这种关注具体实在内容的倾向一致的思想：由纯客观的认识走向包括主观在内的认识，由外在文化意义的体系走向人的自身经验。

这绝不仅仅是一个专业技术中具体操作内容和对象的变化，它关系到一种新的专业知识体系的基础和出发点的确立，由此我们的思想将获得一个真实的基础和保证。

哲学中的现象学的产生是基于以下背景：由于受到17世纪以来自然科学领域实证和分析方法所取得的巨大成果的影响，哲学研究全面采用了自然科学的观点和方法。人们普遍认为，应该以获得像自然科学中那些排除了人的主观世界的纯客观的认识为最高目标。为了达到这一目的，就必须采用以逻辑为基础的实证和分析的方法。但是这种态度导致了一个悖论——哲学的基本研究主题之一就是关于人类认识的可能性问题，它要为各门具体科学的认识活动提供真实可靠的认识的开端和基础，但哲学所采用的这种自然科学的分析、演绎和归纳的方法无法回答"认识是如何可能的"这样的问题，因为演绎、归纳的前提——逻辑本身也不具备天然的真实性。因此，这使得哲学中的思想方法无法与它自身特殊的研究领域——关于认识论的科学相适应。正如胡塞尔所说："自然的认识在各门科学中获得始终富有成效的进展，这使它对自己的切合性确信不疑，它没有理由对认识的可能性和被认识的对象的意义感到不安。然而，一旦针对认识对象的相互关系进行反思，那么困难、不利的情况，矛盾的、但却被误认为已得到论证的理论就出现了，它们迫使人们承认，认识的可能性就其切合性而言是一个谜。[4]因而，此时在哲学领域中人们要么是置认识的可能性问题于不顾，忙于对事实和各种认识的成果进行分类，要么陷入关于认识的怀疑主义和不可知论，哲学自身的研究主题反而被搁置一边。因此，"一门新的科学要在此产生，这就是认识的批判，它要整顿这种混乱并且向我们揭示认识的本质"。[5]这门科学就是哲学的现象学。由于它"抓住我们可以经验地肯定的东西，则可以提供使真正可靠的知识得以建立的基础"。[6]

以上是关于现象学产生的专业上的背景，当然还有社会历史的原因。按英国文学理论家特雷·伊格尔顿（Terry Eagleton）的说法，就是"早在第一次世界大战以前就已开始的广泛的意识形态危机"。[7]胡塞尔的现象学"试图阐明一种新的哲学方法，这种方法将把绝对的确定性给予一个分崩离析的文明"。[8]

通过上面的回顾和分析，我们也许已能得出大概的结论：从建筑师与建筑创作的关系这方面来看，可以把叙事建筑称作是建筑中的现象学[9]。它在建筑中的意义和现象学在哲学中的意义一样，在这个价值观念混乱的时代，为我们重新回到真实的设计基础提供了极大可能性。如果我们无法通过对集体意识和社会文化体系的批判为思想提供一个坚实的基础，那么至少可以通过对自身经验的把握来达到这点。因为我们可以怀疑一切关于外在于主体的事物的思辨和认识，或是专业上已有的知识体系，但我们决不可能怀疑自身直接体验的真实性。

最后还需说明一点，以上的论述只是比较了叙事建筑和哲学现象学，而没有说建筑的现象学——叙事建筑是哲学现象学在建筑中的具体应用。因为张永和的叙事建筑自有其专业上的技术方法和思想的来源。但至少在以下两方面可以把叙事建筑看作是现象学在建筑中的延伸：首先是如上所述对具体事物的关注和向人的自身经验的复归；其次，对待具体问题的态度与现象学一样，把它们"看作是自主的，各自的解决都需要一个新的起点，而不是一整套预制的体系。各个问题都必须按照它本身来处理……"[10] 用张永和自己的话说就是"什么都知道了再去干还有什么意思"。

叙事建筑对我们的启示

张永和的叙事建筑可以说才刚刚起步，但其中所包含的新思想、所蕴藏的创造潜力使我们有理由相信，它将为建筑的发展开辟一条新的通路。

那么叙事建筑对我们有什么有益的启示呢？

我认为，对我们最有帮助的也许不是这些想法本身，而是导致这些想法的方法和态度——追求真实。当然不仅仅是探讨如何得到真实的知识这样一个技术过程，同时也包含了建筑师对待建筑的态度：一种道德上的真诚。在张永和的叙事建筑研究中，从专业上讲有两方面的启示。一是其方法体现了西方传统的思维方式和特征。《后窗》里对叙事建筑的考察就像是经典力学中的实验装置，借助平常的外部条件，通过设计者的运算，把隐藏着的事实揭示出来。或者更形象一些，可以比之为建筑思想的体操，但这种方法与我们传统的思维方法之间存在着根本差异，因为它常常意味着要把事物或问题的某一方面推到极端，这与我们所习惯的适可而止的"中庸"思想相去甚远。二是我们应该重视建立技术性的思想体系，不能只停留在对大的理论框架的泛泛而论上。这一技术体系应该是规范、系统的，而不是肤浅的夸大其词或断章取义。

当然，目前许多建筑设计很大程度上还不是一种创造性的活动，这是很令人痛苦的现实，也许今后很长一段时间内仍不会有根本性的变化。但是我们有理由寄希望于未来，因为生活是不会停止的。同样，对美的渴望和冲动也是不会停止的。

* 原文首次发表于《非常建筑》，张永和著，黑龙江科学技术出版社，1997 年。

致谢：在此谨向美国密西根大学建筑学院研究生魏光莒先生表示感谢。他曾再三向笔者解释叙事建筑的观点和设想，本文第一节中的部分观点受到他的启发。

注释

1. 这里的"时间"不同于现代建筑中的"时间—空间"理论（三维空间加上时间因素成为四维空间）里的时间概念。因为"时间—空间"理论的时间有点类似于物理学意义上的时间，带有抽象性，可被重复经验而不改变性质。这里的时间是指真实的不可逆的时间。

2. 摘自张永和的论文《窥视走向建筑》（Voyeurism towards Architecture），刊载于加利福尼亚大学伯克利分校环境设计学院《混凝土》（Concrete）杂志。

3. 这类似于法国作家萨特对传统小说那种"上帝式"的叙事角度的批评。在这种叙述方式中，"……叙事人犹如上帝一样无处不在，无事不晓，无所谓人物的内里和外表，没有时间、地点的差异，不分人物的性别、年龄，叙事人对他们的行为、心理都了如指掌，这种叙事人凌驾于故事之上……"。参见：王泰来，等编译.叙事·美学.重庆出版社，1987: 10.

4. 埃德蒙德·胡塞尔.现象学的观念.倪梁康译.上海译文出版社，1986: 31.

5. 同上。

6. 特雷·伊格尔顿.二十世纪西方文学理论.伍晓明译.陕西师范大学出版社，1986: 71.

7. 同上，69.

8. 同上。

9. 很明显，叙事建筑不同于诺伯格-舒尔茨（Norberg Schuls）所说的"建筑的现象学"。诺伯格-舒尔茨的理论中综合了文化人类学和皮亚杰的结构主义心理学，其出发点仍然是一种"深层结构"——地方守护神、场所感（文化的而非有关人本身的），建筑的价值依附于它。

10. 埃德蒙德·胡塞尔.现象学与哲学的危机.吕祥译.国际文化出版公司，1988: 4.

1960 年代与 1970 年代的库哈斯

在那个时刻我们进入了一个时代，在其中仅有的真正的确定性就是永远的不确定，仅有的安全就是不安全。

——安德烈·布朗齐，《平衡的诗学》

如果不能找到我们的路，为什么我们还要拥有头脑？

——费奥多·陀思妥耶夫斯基，转引自《癫狂的纽约》前言

库哈斯的建筑与城市理论在 1990 年代中期随着那本《小，中，大，超大》(*S,M,L,XL*) 的出版，在世界范围内传播。10 年以后的今天，他已经成为建筑界最有影响力的建筑师。他的影响导致了普遍的对城市研究的兴趣。在建筑学中，传统的以形式美学为基础的理论让位于实用主义的对专业知识和社会需要相结合的追求。确切地说，库哈斯已经成为一种建筑现象。在 1960 年代之后，还没有哪一位建筑师能像他这样，以一个人的努力如此深地影响和改变了建筑学和城市理论的发展方向。在某种意义上，他和我们每一个从事建筑职业的人都有关系。对他的分析、评论和批判，也是对建筑学的价值和发展前景的剖析和批判。

库哈斯的理论，由于对城市问题的特殊关注，对于当今中国建筑师的实践有着特别的意义。我们已经可以看到他的设计方法对中国建筑师的影响，并且围绕这个话题所展开的热烈讨论。关于他的理论与作品不可避免存在着不同的评价和看法。

我们也能听到种种夸大和过分溢美之辞，以及对他的理论和方法的曲解。作为一个公众人物，库哈斯在中国建筑的话语圈当中，要么被简单地拒之门外，要么则被加上一层神秘光环予以拔高和偶像化，这两种做法都抑制了正常的讨论。

在这个全球化的时代，在思想领域里，东方的和西方的，中国的和外国的，界限越来越不清晰，之间的差异也以各种新的形式表现出来。在这种情况下，"他们"的问题也就是我们的问题。用传统的带有民族主义特点的文化视野去看待来自西方的思想是十分有害的，另一方面，不加批判地盲目追随和照搬也是十分愚蠢并于事无补的。关于库哈斯，我们亟需一种冷静、客观的态度，在基于对全部事实的了解和把握之上对他的想法进行检验和批判。我们必须分清楚哪些是具有长久价值的真知灼见，而哪些是很快就会被淘汰的时髦货色。

在这篇文章中，我将尝试对库哈斯在 1960 年代和 1970 年代的经历和建筑活动进行一次较为完整的考察，发掘他的思想形成的过程和脉络，把他的理论和方法放在历史的背景和语境下进行讨论。通过对库哈斯早期职业生涯和活动中较为重要却较少为人所了解的经历和对他产生了决定性影响的人物、事件的揭示和分析，我们将有可能从一个更全面、客观的角度对他的理论和实践的意义进行批判，澄清对他的误解并驱除笼罩在他头上的神秘光环。以此为契机，我也希望能够一窥当代西方建筑与城市理论发展的脉络和线索，重新界定西方建筑理论与中国建筑实践之间的关系。

1960 年代：从记者、剧作家到建筑学学生

1944 年库哈斯出生于荷兰；在他 8 岁时，全家人移居到荷兰的殖民地印度尼西亚，在那儿生活了 4 年；1956 年返回荷兰，定居阿姆斯特丹。

1963 年，库哈斯开始了他 5 年的记者生涯。作为文化专栏记者，他为《海牙邮报》（实际是一本杂志）工作，直到 1968

年离开荷兰前往伦敦的建筑联盟学院（Architectural Association School of Architecture, AA）学习建筑。在为大家所了解的库哈斯的经历中，1960年代是最少为人所知但又十分关键和特殊的时期。一方面，做记者工作的经历，使得他日后能用一种超越美学观点的眼光看待建筑问题。另一方面，在1960年代的激烈社会变革和动荡中，库哈斯像大多数那个时代的年轻人一样，形成了藐视权威、挑战社会传统和既有价值体系的世界观。巴特·洛茨玛（Bart Lootsma）在一篇题为《库哈斯、康斯坦特与1960年代的荷兰文化》的文章中，对库哈斯1960年代在荷兰的活动和经历做了较为完整的披露。[1]

据巴特·洛茨玛介绍，库哈斯的工作主要是文化专栏记者，并主持一个名为《人·动物·东西》的闲话专栏。年轻的库哈斯精力充沛，胸怀远大抱负，还有着典型的荷兰人玩世不恭的气质。

由于工作的原因，库哈斯有机会接触到当时一些著名人物，他所采访过的人物包括意大利著名电影导演费里尼（Federico Fellini）（图1）、荷兰艺术家康斯坦特（Constant Nieuwen-huys），以及大名鼎鼎的勒·柯布西耶。这些人毫无疑问对他产生了或大或小的影响。但是库哈斯并未拜倒在这些大师脚下。

1

1. 1965年，库哈斯与费里尼在一起

他文字犀利，言辞刻薄，不放过任何一个细节，对这些名人巨匠的行为、活动进行放大后的评判、调侃和嘲弄。在采访费里尼的时候，由于费里尼拒绝配合，库哈斯没有机会与他交谈，只好转向他周围的那些人以及对他的古怪行为的描述。在最后写成的关于费里尼的文章中，库哈斯直言不讳地指出，这位天才的导演"被一帮笨蛋和小人所包围，而这些人却能够奇怪地对费里尼的电影产生或好或坏的影响"。[2] 他介绍柯布西耶的文章则以这样的标题开始——"建筑／生活机器：勒·柯布西耶挣了5000荷兰盾"，并用了下面这样的文字对柯布西耶作了一番画像式的描绘："勒·柯布西耶，76岁，外表看上去枯燥易怒，一张只有下嘴唇会动的脸，一对淡蓝色的眼睛，给人留下颇为痛苦的印象。"[3]

这些人物中对库哈斯影响最大的是康斯坦特。库哈斯先后两次对他进行过专访。1960 年代的康斯坦特是荷兰知名的艺术家，Cobra 小组[4]的成员，一度与法国艺术家居伊·德波（Guy Debord）等人组成著名的情境国际小组（Situationist International）。后来他对建筑产生了兴趣。通过自学，在 1950 年代后期，康斯坦特开始创作系列作品"新巴比伦"。这是一个乌托邦式的未来城市模型和空间的规划，采用了模型、绘画和录像等各种手段，表现一种凌驾于自然地面之上的连续城市空间。人可以在其中自由地移动，任意地改变居住的形式（图 2—图 4）。这个作品系列在当时的荷兰产生了极大影响，也给库哈斯留下深刻印象。我们可以在库哈斯 1980 年代末期以后的设计方案中看到类似"新巴比伦"的自由连续的空间、大跨度的结构形式以及看上去很不专业的粗陋、生硬的空间划分。

库哈斯的父亲安东·库哈斯（Anton Koolhaas）是一位剧作家兼导演，任职于阿姆斯特丹电影学院。受其影响，库哈斯和一群志同道合的朋友组成了一个名为"1、2、3 等等……"的业余电影社团（取这个名字是因为成员总是处在流动当中）。这个社团的核心人物包括后来移居好莱坞并制作了《生死时速》《龙卷风》《古墓丽影》等影片的扬·德·邦特（Jan de Bont）。库哈斯及其伙伴认为电影制作应该被看作一项集体合作的工作，每个人都应该能够胜任不同的角色，既可以做导演，也可以做摄影，又可以当演员。这种组合方式可以使摄制组的构成满足低成本制作的需要，并且创造一种像爵士乐队那样即兴工作的风格。在他们制作的第一部电影《1、2、3 狂想曲》中，每个参与者依次担任不同角色，从摄影师到演员，再到导演，等等。

我们能够感觉到这种工作方式与后来库哈斯在《大》中所倡导的取消建筑师作为形式缔造者的角色和凌驾于他人之上的特权，提倡团队精神和集体合作之间的相似之处。他对建筑学领域中的根深蒂固的建筑师作为形式赋予的角色的批判，以及反对脱离社会经济条件谈论建筑的观点，都和他这一时期所形成的强调客观性和承认现实的态度有着直接的联系。

库哈斯在电影创作中的最大成就是参与了荷兰影片《白奴》的剧本创作。尽管这部电影未取得商业上的成功，但被认为是荷兰当代电影走向成熟的标志。

青年时代的库哈斯在政治上并不是一个激进的左派，一个狂热的要砸烂一切旧制度的愤怒青年。他的态度按照西方社会的标准应该算作中间偏左的社会民主党。库哈斯所在的《海牙邮报》是一个右翼自由派的杂志。杂志的主编公开为资本主义制度和自由市场经济辩护，这在当时左翼思想占压倒优势的欧洲是很少见的。库哈斯本人则有一些不愉快的经历，与当时经常发生的左翼激进组织的街头暴力有关。库哈斯在杂志社另有一项工作是负责最后付印前的版式设计。他通常在另一家报社的印刷间工作。一次正好遇到激进组织的抗议活动，街头示威很快演变成一场骚乱。抗议者开始纵火，库哈斯所在的办公楼被点燃，最后库哈斯不得不从阁楼攀上屋顶，逃到邻近的一家理发馆脱离了险境。[5] 除去个人因素外，库哈斯的政治态度或信仰在荷兰这个特殊的国度算不上多么特立独行。由于低地国家特殊的生存条件的限制而造成的绝对平等的社会条件，使得在荷兰任何一种极端的政治理想或诉求都不可能占据统治地位。不同利益集团和阶层之间的谈判和妥协是最重要的，也是随时随地的。社会矛盾和冲突可以以极端的形式表现出来，但始终被控制在一定范围之内。在社会生活中意识形态的色彩在极大程度上被漂白，无论极左派还是极右派，他们的行动纲领和组织都不像欧洲其他国家那样极端。

1967 年，库哈斯的系列报道"性在荷兰"(Sex in the Netherlands)发表后遭到严厉的抨击。他一怒之下辞去了在《海牙邮报》的职位。之后在 1968 年，他决定放弃记者的职业，转到伦敦的 AA 学习建筑。

2

3 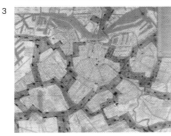 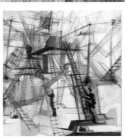 4

2. 康斯坦特的新巴比伦：一个架在地面之上的自由迷宫。一个通过新的建筑和城市
空间规划来创造完全自由的生活的乌托邦方案：所有机动交通在地面上，抬高的主
体结构仅供人行走、迁徙，所有人可以决定住在何处，并可以随时把握自己的意愿
改变居住的形式。建筑的形式永远处于变化之中
3. 新巴比伦与阿姆斯特丹的重叠
4. 迷宫式的内部空间：人可以自由地改变居住形式

　　虽然没有证据表明库哈斯的决定是蓄谋已久，但这一选择
也绝非是一时冲动。在此之前很长一段时间，库哈斯已经开始
自学建筑，阅读了大量有关的书籍。他在进入 AA 时并不是对
建筑一无所知的门外汉。[6]巴特·洛茨玛发掘了一段他认为或许
是直接促成库哈斯决定转行的故事。在 1968 年一次代尔夫特大
学建筑系组织的讨论会上，一位建筑师对库哈斯表示了对他的
电影、还有他们的波希米亚式的生活方式的羡慕，库哈斯则表
示完全不能同意，他极力地争辩说实际上电影制作是一个更加
痛苦、乏味的工作，而建筑学远比电影重要而且强大得多。洛

茨玛认为库哈斯是如此地雄辩，以致于他自己都开始相信他对那位建筑师所说的话了。[7] 但也许洛茨玛所讲的这件事本身也只不过是荷兰式的幽默罢了。

库哈斯在一次和洛茨玛的谈话中承认，他在《海牙邮报》的工作对他日后作为建筑师的工作方法影响至深。据洛茨玛看，两个荷兰人——艺术家阿曼多（Armando）和作家赫尔曼斯（Willem Frederik Hermans）对库哈斯的思想方法的形成起着决定性的作用。

在当时的《海牙邮报》，很多记者、编辑都像库哈斯一样从事着电影、文学或艺术方面的第二职业。库哈斯所在的文化专栏的主编阿曼多，同时也是一个知名作家和画家。作为当时荷兰文学流派"零运动"的代表人物，阿曼多对于文学有着很个人化的表述和见解。这些见解对年轻的库哈斯产生了深刻而直接的影响。比如他这样理解写作与现实之间的关系：写作"不是去解释现实或使其道德化，而是激化它。出发点应该是毫无保留地接受现实……工作方法是：剥离、附加，由此而达真实。不是制作者的真实，而是信息的真实。艺术家不再是艺术家，而变成一双冷酷的理性的眼睛"。[8] 这几乎就是库哈斯后来所提倡的"无风格的建筑"[9] 的文学版本。他所信奉的无条件接受现实的创作原则，以及前面我们所提到的在创作中去除个人主观特殊性的观点，毫无疑问也来自阿曼多。在一篇题为"媒体守则"的宣言中，阿曼多对这种不掺杂任何主观判断和个人色彩的"无风格的写作"做出了如下极端的表述："事实远比评论和猜测更有意思……历史责任和良心是唯一可靠的指引……（提供）信息是必要的，但不是表述个人意见，而是表现事实……有件事必须尽早让大家明白，那就是绝大多数评论家都是狗娘养的……这些家伙必须滚下台！"[10] 受阿曼多的影响，《海牙邮报》的记者大多数情况下并不表达自己的立场、观点，而只是保持中立地描述已发生的事情。他们还试图打破人们所习惯的对外部事物的等级划分，比如在采访内阁总理会议时对会议上的服务生给予同等关注，在对某人进行访谈时把他所发出的一些无意义的声音如实记录，或者把镜头对准采访对象由于紧张而颤抖的手。库哈斯在撰写对柯布西耶的采访报道时，花了大量笔墨描写由于航班延误在机场焦急等待大师到来的人群。

但是实际上如我们所知道的，在新闻报道中不可能完全超脱个人立场观点、进行所谓的纯粹客观的描述，正如在文学中不存在所谓"透明"的写作一样。无论作家还是记者都需要对材料进行筛选、编辑。阿曼多本人所说的"剥离、附加"就是这样一种操作方式。毋宁说对阿曼多（也包括库哈斯）而言，"无风格的写作"也和其他风格的写作对别的作者一样，是一种主观倾向性和价值取向筛选后的产物，是他们界定自身与社会现实之间关系的一种工具。事实上，阿曼多的"零度新闻"中不但允许甚至鼓励某种对现实材料的加工编辑和操作。对他而言，重要的是看到并揭示现实生活中的矛盾和荒谬。阿曼多经常运用的方式是把一个预设的话题叠加到现实生活中，激发出某些矛盾，使人看到那些被忽略或不愿承认的东西。库哈斯也是这样的行家。据洛茨玛的看法，他在报导中不光加工润色，甚至编造过一些事情。

对库哈斯产生了较大影响的另一个人物赫尔曼斯是荷兰二战后最著名的作家。和阿曼多一样，赫尔曼斯相信"记者的任务是把大众所想的东西写出来，作家则挑战大众所想的，并把他们不敢去想的东西写出来"。[11] 赫尔曼斯的创作受到弗洛伊德的精神分析理论的影响。在他的笔下，英雄与懦夫、敌人与朋友、忠诚与背叛常常处于彼此相套、相互转换、模糊不清的状态中，世界充满了混乱和不确定。他对于人的存在的矛盾、荒谬和不确定性的探讨毫无疑问成为日后库哈斯思考当代大都市文明的重要线索。库哈斯在《癫狂的纽约》（*Delirious New York*）结尾中写的建筑寓言《梅杜莎之筏》就是取自赫尔曼斯的小说《达摩克里斯的黑房间》（*The Darkroom of Damocles*）开篇一位教师所讲的故事。

AA：阿基格拉姆（Archigram）以及来自意大利的影响

1968年库哈斯来到伦敦的AA成为一名建筑系学生。也正是在这一年的春天，由巴黎大学学生骚乱开始，爆发了著名的"五月风暴"，这场松散的、追求个人价值和自由、反对资本主义主流意识形态和权威的政治运动席卷了欧洲、美国和日本等主要资本主义国家。它是自1950年代以来西方年轻一代对传统价值观的抗争的一次总爆发，并且至1970年代最终瓦解了西方传统权威社会。欧洲这场影响深远的运动的思想核心和动力，一方面来自如哲学家萨特等知识分子精英以及情境国际的核心人物居伊·德波等人的著作和思想，另一方面来自欧美战后流行文化如街头艺术、摇滚乐等。在艺术领域中，1950年代和1960年代西方的文学、音乐、绘画中再一次出现了来自大众流行文化和通俗艺术形式的强烈影响。通俗文化（街头艺术、摇滚乐等）被用作政治斗争和反抗主流文化及其所代表的传统价值观的手段。这是自1920年代、1930年代的达达、超现实主义等先锋派运动之后通俗文化和精英文化的又一次碰撞和融合。这样的大时代背景对库哈斯必然产生深刻的影响。

1960年代到1980年代这段时间，AA正处在它历史上最活跃的时期。由于校长博雅尔斯基（Boyarsky）不拘一格的用人政

5

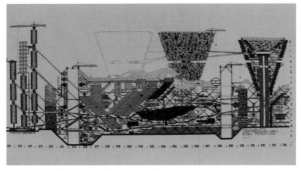

5. 彼得·库克（Peter Cook）：插入城市（Plug-in City），1964年

6. 朗·海隆（Ron Herron）：行走城市（Walking City），1964 年
7. 《阿基格拉姆》第 4 期封面

策和出色的协调组织能力，在长达 20 年的时间里，一批来自世界各个国家的富于创新精神的年轻建筑师汇聚在这里学习并从事教学、研究，其中包括了伊里亚·曾格利斯（Elia Zenghelis）、屈米（Bernard Tschumi）、里伯斯金（Daniel Libeskind）、斯蒂文·霍尔（Steven Holl）、哈迪德（Zaha Hadid）等。在库哈斯进入 AA 的 1960 年代末，AA 正处在阿基格拉姆（Archigram）的强烈影响中（图 5—图 7）。[12]

在 AA 的学习过程中，他与年轻的指导教师希腊人伊里亚·曾格利斯建立起了深厚的友谊。他们两个人再加上曾格利斯的夫人画家祖·曾格利斯（Zoe Zenghelis）和库哈斯的女友玛德伦·弗里森道普（Madelon Vriesendorp），组成了一个朋友圈子兼非正式的专业团体。他们常常一起参加各种讨论聚会以及设计竞赛，并自称为"大都市建筑的卡里加里博士的储藏柜"（Dr. Caligari Cabinet of Metroplitan Architecture）。[13] 这也就是今天大都会建筑事务所（OMA）的前身。

在这一时期里，库哈斯完成了两件主要作品：其一是对柏林墙的新闻报道式的发掘和研究，另外一个是题为"逃亡，或建筑的自愿囚徒"的寓言式竞赛方案。1960 年代和 1970 年代的

AA 相比于传统的建筑院校是一个非常奇特的地方。由于校方和老师鼓励学生从不同的甚至与建筑无关的方面研究和思考建筑现象，以至于学校里面常常见不到什么人在画一个正常的建筑设计所要表现的平、立、剖面图。库哈斯在这样的体制中自然如鱼得水。尽管如此，库哈斯为学校要求的夏季旅行考察作业而做的以柏林墙为题的研究，仍然引起了一些争议。库哈斯以记者特有的敏感选取了柏林墙这个充满了政治色彩和代表冷战意识形态的人造物为研究对象，而不是当时在 AA 颇为流行的选一栋 16 世纪文艺复兴时期的别墅或某个中世纪的村子并对它的形式进行分析。[14] 他用了新闻记者的手法，拼贴再现了柏林墙当时的状态，以及两边世界人们的生活。这个切入点完全超脱了从美学和技术角度看待建筑的传统观点。

　　1972 年，库哈斯和曾格利斯一起参加了意大利《卡萨贝拉》(Casa Bella) 杂志举办的题为"有意义的环境"的设计竞赛。他们用了一星期的时间完成了一份名为"逃亡，或建筑的自愿囚徒"的设计方案（图 8，图 9）。这个寓言式的方案实际上可以看作是库哈斯的柏林墙调查的延续，只不过把地点由柏林移到了假想中的伦敦。在此方案中，他们假设伦敦被分成了好的一半和坏的一半。如同在东、西柏林之间发生的故事，位

8　　　　　　　　　　　　　　　　　　　9

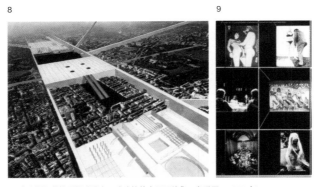

8. 库哈斯与曾格利斯"逃亡，或建筑的自愿囚徒"，鸟瞰图，1972 年
9. 库哈斯为表现"逃亡"方案中的浴室区而制作的拼贴，所用图片来自他参与制作的荷兰电影《白奴》中的剧照

于坏的一半的居民开始向好的一半逃亡。最终这些逃亡者却悖谬地发觉，正是他们自己成为了好的建筑的自愿的囚徒。库哈斯和曾格利斯的设计由强加在旧城之上的连续的方格状的巨大街坊组成。每个格子内都安排了不同的活动和内容，如接待区、中心区、庆典广场、敌对公园，等等。他们用寓言式的笔法描绘了这些区域内的不同场景和由"坏的一半"而来的居民抵达"好的一半"之后的命运。[15] 这个方案由同等重要的图纸（设计图和拼贴）和文字叙述两部分组成。文字部分相当于电影剧本。库哈斯在关于"生物学转换学院"的文字中模仿了超现实主义画家萨尔瓦多·达利的自传《萨尔瓦多·达利的秘密生活》的写作方式。此外，在关于"浴室"这个区域的图纸中，库哈斯用他参与编剧的荷兰影片《白奴》中的镜头拼贴成其中的场景。库哈斯和曾格利斯在这个方案中表达了他们对当时的先锋派建筑实验中对新形式的不顾一切的追求和乌托邦幻觉的怀疑。

也有人认为这个方案是直接针对阿基格拉姆的。库哈斯和曾格利斯通过这个方案嘲讽了阿基格拉姆对漫画式的技术形式的爱好，他们试图表明建筑并不一定像这些先锋派所认为的那样是一个积极的改造人类生活的工具，也有可能成为像柏林墙那样制造隔离和压制自由的东西。出于这种考虑，"逃亡"方案中没有形式创新，而全部采用了现实当中已有的东西，或甚至把他们自己所做的建筑方案组合进去（图10）。库哈斯和曾格利斯的方案获得了这次竞赛的一等奖。但是据说评委们给每个参加这次竞赛的方案都颁发了一等奖！[16]

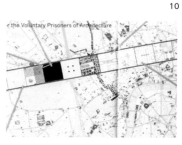

10. "逃亡，或建筑的自愿囚徒"，总平面图，1972 年

在库哈斯求学期间，必须要提到来自意大利建筑的影响。1973 年，意大利威尼斯大学的理论家曼弗雷多·塔夫里（Manfredo Tafuri）发表了题为《建筑乌托邦：设计与资本主义发展》（*Architecture and Utopia: Design and Capitalist Development*）

的文献。这是建筑理论中第一篇以马克思主义理论为出发点、回顾和批判启蒙运动以来尤其是西方现代主义先锋派运动实践的著作，对1970年代西方建筑界产生了巨大影响。塔夫里在《建筑与乌托邦》一书中的核心思想和话题是对于现代主义先锋派实践的价值的重新评估。他第一次用马克思关于资本与劳动分工的理论来分析城市与建筑的发展。他所得出的总的结论是，18世纪启蒙运动以来西方城市与建筑实践中的各种乌托邦方案，实际代表了资产阶级文化为了超越资本和劳动分工带来的人的异化和精神危机而做出的努力，但是建筑作为商品，建筑实践作为现代资本主义社会生产过程的一个组成部分，是无法超越资本运转的基本逻辑和内在矛盾的，因而这样的实验注定了失败的命运。

塔夫里的理论思辩触及了以前的各种建筑理论未曾触及的领域，引发了建筑师对建筑学在当代文化中的价值的怀疑、批判以及对当代建筑实践的意义的反思。这是一篇里程碑式的著作，它标志着建筑学领域中一个时期的结束和另一个时代的开始。塔夫里所倡导的"自律的建筑学"（Autonomous Architecture）直接影响了阿尔多·罗西（Aldo Rossi）、彼得·埃森曼、里昂·克里尔（Leon Krier）等人的建筑实践和设计方法，其影响覆盖了1970年代和1980年代。也正是由于他的著作和受其影响的意大利新理性主义运动，意大利建筑获得了世界范围的影响力。1960年代和1970年代的库哈斯身处这种建筑氛围之中，不可能不受到激励和感染。

在AA学习期间，库哈斯对意大利的两个建筑师小组"建筑视窗"（Archizoom）[17]和"超级工作室"（Superstudio）[18]产生了浓厚兴趣。他曾在AA组织了超级工作室的阿道夫·纳塔里尼（Adolfo Natalini）的演讲，不需特别说明，我们也能看出库哈斯和曾格利斯的"逃亡"方案与超级工作室的"连续纪念碑"和"12个想象的城市"之间的相似之处（图11、图12）。除了建筑的形式语言外，这两个先锋派建筑师小组，尤其是建筑视窗对库哈斯的影响更多地是在思想方法和态度上。

11. 超级工作室："新纽约"，1970 年
12. 库哈斯与曾格利斯："逃亡，或建筑的自愿囚徒"，生物学转换学院。其中七字形
左上角建筑为他们参加蓬皮杜艺术中心竞赛所作方案，左下角为巴塞罗那的一个医院

　　建筑视窗和超级工作室成立于 1960 年代中期的佛罗伦萨大学，成员都是这所大学的学生。这两个小组在建筑方面受到阿基格拉姆的影响。另外他们也像当时大多数知识分子和青年学生一样，热衷马克思主义理论，谙熟通俗艺术，如美国的波普艺术家劳森伯格（Rauschenberg）的作品和甲壳虫、滚石乐队的摇滚音乐。尽管建筑视窗和超级工作室在文化取向和价值观上有所不同，但在一些基本问题和方法上有着相当一致的看法。他们都对消费时代的建筑学的困境有着清醒认识，并且试图从更广泛的综合了社会、文化、艺术等因素的角度寻求解决问题之道。在他们看来，现代主义建筑在欧美战后的城市建筑中所遭遇的危机证明了机器时代的建筑学原则，也就是现代主义信奉的理性主义、功能主义无法应对新的社会状况。要形成新的批判的文化语言和主题，必须像波普艺术家那样面对现实，从庸俗的大众文化和生产、消费的逻辑中汲取灵感和力量，重新塑造建筑学的价值体系。

　　其次他们对政治与建筑实践之间的关系十分关注，建筑被当作政治和意识形态批判的工具。按照建筑视窗的主要成员安德烈·布朗齐（Andrea Branzi）的看法，这也是意大利 1960 年代激进建筑组织不同于美国、英国之处。布朗齐认为，在 1960 年代产生了一种新的关于物质对象的认识，这种认识基于对大批量生产的标准单元和对灵活性的需求的批判之上，进而推动了对建筑学的作用的重新思考。建筑被当作不是提供便利而是

13

13. 埃托尔·索特萨斯：用胶合板制作的固体家俱，1967 年

破坏和阻碍的行为，用来抵制资本主义体制下的日常生活的麻木状态，并从主流文化的控制之中解脱出来。意大利设计师埃托尔·索特萨斯（Ettore Sottsass）在 1960 年代设计的一系列类似家具的物体体现了这一观点：被放置于房间之中的这些孤立的物体虽然位于传统家具应该在的位置上，却并无家具的功能。它们与房间之间的矛盾关系颠覆了传统的室内空间的使用方式，也阻碍、推迟或瓦解了消费社会中欲望的主体与消费品之间的刺激、满足的行为关系的实现

（图 13）。建筑视窗也以同样的姿态声称，"要把所有那些曾被阻止入内的东西带到房子里来：平庸的东西，故意的粗俗不堪，城市景象，尖声狂吠的狗。"[19]

超级工作室 1969 年的"连续纪念碑"方案的主题也同样是一组与现实无关的孤立的物体，表达了对更大城市空间尺度上现实世界的混乱无序的一种模棱两可的反讽态度（图 14，图 15）。

14

15

14. 15. 超级工作室：连续纪念碑，1969 年

1966 年和 1967 年，建筑视窗和超级工作室共同在意大利的佩斯托亚（Pistoia）和摩迪那（Modena）举办了名为"超级建筑"（Super Architecture）的展览，展出了从家具设计、室内装饰到建筑设计等不同类型的方案。这些方案都或多或少受到通俗艺术的影响。这两个展览标志着两个先锋派建筑师小组的正式成立。他们关于展览主题"超级建筑"的解释以一种比拟的方式简明扼要地概括了其基本观点："超级建筑是关于超级产品、超级消费、超级消费诱惑、超级市场、超人、超级标号汽油的建筑。超级建筑接受生产和消费的逻辑并且试图去除它的神秘色彩。"[20] 由于怀有这样的信念，即设计建筑并不仅仅是盖房子或建造有用的东西，而更是一种自由地表达人们的意愿的行为，是为了重新夺回被资本主义社会劳动分工剥夺了的文化权利，建筑视窗和超级工作室并不看重建筑的物质性的一面，也不认为原原本本按照自己的设计建造房子是建筑师的基本工作。他们用了大量的绘画和拼贴的纸上方案来实施对社会和物质现实的批判性操作（图 16）。从库哈斯 1970 年代初的一些纸上方案中我们也能窥见类似的精

16

17

18

16. 超级工作室：12 个想象的城市，第 2 个城市——缠绕的时代之城，1971 年
17. 超级工作室：12 个想象的城市，第 10 个城市——秩序之城，1971 年
18. 库哈斯：被俘获的地球之城，1972 年

19. 建筑视窗：带橡胶树叶的摩天楼，1969 年
20. 建筑视窗：柏林的平行街区，1969 年

神气质。这是那个时代的建筑师共享的价值观和精神资源 （图
17，图 18）。

　　建筑视窗和超级工作室的拼贴画常常把现实中的某一个角
度的照片和另外一种毫不相干的物体叠加在一起，形成虽然连续
统一但却很荒诞的画面（图 19—图 22）。它们所表现的场景既
不优美和谐，也不是任何现在或未来的景象，而是介于二者之间
的无法定义的时刻。这种既不在现实世界中又不属于某一时刻
的场景展现了他们所要表达的所谓"批判的乌托邦"。20 世纪

21. 建筑视窗：屋顶花园，1969 年
22. 建筑视窗：对历史中心的共同管制，
1969 年

现代主义的乌托邦方案，无论是赖
特的广亩城市、柯布西耶的明日城
市，还是丹下健三的东京湾规划，
都可以在物质条件具备的情况下加
以实施。它们是建立在现代理性主
义基础上，为了使人类生存方式更
趋合理有效而提出的正面的、积极
的乌托邦设想。与此相反，建筑视
窗和超级工作室的纸上方案和拼贴
是否定性的和纯粹有关人的认识的，
是"一种工具性的、科学的乌托邦，

它并不试图推出任何不同于现在的世界的另外一个世界，而是要在另一个更高的认识层次上表现现在的世界"。[21]

布朗齐把这个想法概括为"批判的乌托邦"。他认为现代主义的规划模式在世界范围内的试验的失败，比如印度的昌迪加尔、英国的新城镇、北欧的现代主义风格的居住区，等等，证明了现代主义以来的正统建筑学（他称之为"构成的建筑学"，Compositional Architecture）的核心思想和方法已经和现实中的消费社会脱节。它既不能提供一个全新的阐释现实与历史之间的关系的语言和机制，又无法用有效的手段参与到现实世界中来。这就是为什么当时人们热衷于讨论"建筑的死亡"。从这一点来看，库哈斯最近宣称的建筑学的危机和他所发布的死亡预言，并不是什么新鲜话题。

布朗齐进一步从政治和意识形态的角度解释"批判的乌托邦"思想的形成。他引用了恩格斯对19世纪工人阶级住宅问题的分析，来说明包括他们在内的 1960 年代的先锋派为什么放弃现代主义的积极形式的乌托邦。恩格斯认为，如果问题是现在的城市（并不属于工人阶级）的话，那么也不可能指望有另一个为工人阶级而建的城市的降临。问题的关键在于"并不存在工人的大城市这样的东西，而只有工人对大城市的反抗"。[22] 因此先锋派只有首先无条件接受现有的消费社会和在现代主义的理性看来混乱不堪的景象，才可能重新参与到现实中并使建筑学脱离资本主义意识形态的控制。

这里我们可以清楚地察觉布朗齐的"批判的乌托邦"的概念与前面提及的阿曼多的"无风格的写作"中的无条件接受现实的相似之处，并进而联系到库哈斯所倡导的无条件接受现实的"回溯的宣言"（Retrospective Manifesto）。[23] 库哈斯在回顾他的设计时曾直言不讳地宣称："我的工作肯定不是乌托邦的：它有意识地尝试在起主导作用的条件下展开工作，并去除掉我们（在这种条件下）所产生的痛苦的、不适应的或无论哪种形式的自恋，这些自恋的症状可能仅仅是一系列回避（专业）内部的失败的托辞。所以我的方法当然是对那种乌托邦现代主义的批判。"[24] 实际上，1960 年代大多数的先锋派建筑师，如阿基格拉姆、年轻时代的汉斯·霍莱恩（Hans Hollein）、建筑视窗、超级工作室和持通俗艺术立场的建筑师如罗伯特·文丘里（Robert Venturi）都持反现代主义理性规划的态度。我们无法证明库哈斯是否或在多大程度上受到"批判的乌托邦"思想的影响，但可以看出他作为在 1960 年代激进文化中成长起来的"68 一代"中的一员，其思想中的大时代的烙印。

虽然表面上库哈斯的设计语言和超级工作室更接近，但实际上真正从思想上对他产生了决定性影响的是建筑视窗的布朗齐。布朗齐关于当代城市与建筑以及建筑学的状况，建筑师在当代社会中的地位和作用的分析，深刻地影响了库哈斯的有关理论和观点。

美国与早期的 OMA

1972 年库哈斯离开 AA 之后，得到了一笔奖学金，旋即来到美国康奈尔大学，因为这里有他所仰慕的德国建筑师翁格尔斯（Oswald Mathias Ungers）。

翁格尔斯生于 1926 年，在 1940 年代末现代建筑的全盛时期接受了建筑教育。他的设计思想受到以罗西为代表的意大利新理性主义运动的关注。[25]1960 年代中期他开始采用所谓的"类型学"作为城市和建筑设计的基本手段。他主张从城市的角度阐释和组织建筑空间。但和新理性主义不同的是，翁格尔斯的理论里面掺杂了实用的成份，或者说他的理性主义是建立在对经济、功能、社会现实等实际因素的考虑之上的。他的一条重要的设计原则是不承认存在所谓"最优"方案：他认为一个建筑项目永远会有很多种可能的解决问题的方式，因此建筑师的工作应该是一种可以永远进行下去的试验。他的这两个方面的观点对库哈斯都产生了非常重要的影响。如果说来自建筑视窗和超级工作室的影响有助于他形成对建筑学和社会、文化以及现实的批判的眼光，那么正是通过翁格尔斯，库哈斯找到了在专业领域中把这种批判的姿态和实际操作结合起来的渠道和方法。

在 1970 年代初期的康奈尔大学，除了翁格尔斯之外，还有另一位有影响的人物柯林·罗。柯林·罗是一位主张重新发现和回归历史的理论家，他和翁格尔斯之间不可避免地存在冲突。正是由于这种冲突，康奈尔大学成为当时美国建筑院校中思想最活跃的地方之一。也正是在康奈尔，库哈斯第一次碰到了菲利普·约翰逊。[26] 在康奈尔大学学习期间，库哈斯参与了翁格尔斯事务所在德国的规划、设计和研究项目（图 23、图 24）。在他所做的设计中（图 25），我们可以看到翁格尔斯和超级工作室的双重影响。1968—1969 年翁格尔斯在柏林执教期间所主持的名为"1995 年的柏林"的设计工作室，较为直接地体现了他的城市和建筑设计方法。而且可以肯定这对库哈斯产生了深刻而具体的影响。

23. 柏林动物园区防预河道周边地区规划竞赛，翁格尔斯与库哈斯、P·艾利森、D·艾利森，1973 年

24. 柏林动物园区防预河道周边地区规划竞赛方案中由库哈斯设计的位于波茨坦广场的多功能建筑综合体。

25. "1995 年的柏林"方案中对世界大城市的等比例图形比较，其中左下角斜向放置的图形为丹下健三 1960 年所做东京湾规划方案的道路系统图

23

24

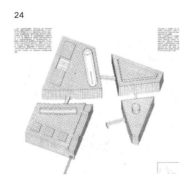

25

"1995 年的柏林"的主旨是对柏林在 20 世纪末的城市状态进行预测和展望。翁格尔斯没有预先设定目标,而是按照他的原则带领学生进行试验。为了保持某种程度的客观性,他把历史上曾经提出过的针对大城市的规划方案按照相同的比例代换到柏林。这其中就包括了丹下健三 1960 年提出的东京湾规划方案(图 26,图 27)。这个设计活动的最终成果采用了类似现代主义的"推倒重来"(Tabula Rasa)的规划方针和巨型结构的形式。翁格尔斯建议把柏林具有历史价值的街区和代表着历史记忆的重要建筑、广场保留下来,拆除掉其余平庸的建筑,代之以多层巨型结构式的街区。这样形成的最终的城市是,传统空间与代表了舒适、速度和效率的现代城市空间的巨型结构之间的并置与对立的共存。

1976 年翁格尔斯还主持了另一个名为"绿色群岛"(A Green Archipelago)的关于柏林的城市设计活动和研讨。这里他再一次使用了"强化"与"拆除"同时进行的手段,最终形成的效果是那些具有保留价值的街区像海洋中的岛屿一样漂浮在被拆除的城市空间所形成的空白中,从而形成一个新的城市化的机会。

翁格尔斯的这个思路被库哈斯用在他后来的城市规划和设计方案中。在 1993 年库哈斯进行的荷兰城市研究中,他提出的一个所谓"点城市"的方案,建议把荷兰的现有城市中的新区拆除,全部集中到中部,形成一个能容纳全部荷兰人口的点状的巨大城市。其余的地方除了绿地和农业用地之外,只剩下不同城市的老的中心街区形成的供游人参观的传统空间。在关于这个点状城市的密度设想中,库哈斯也用了代换的方式把不同城市(如曼哈顿、洛杉矶)的网格放到实际地形中进行比较(图 27)。翁格尔斯的这种影响一直延续到最近库哈斯的设计中。在 1999 年关于阿姆斯特丹国际机场扩建的研究中,库哈斯提出把新机场放到海上新建的人工岛上,留出的空白用来作为新的真正的城市环境的建设。

1975 年库哈斯结束了在康奈尔大学的学习之后,由翁格

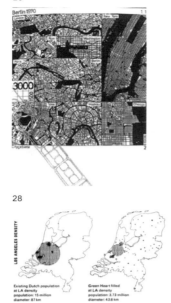

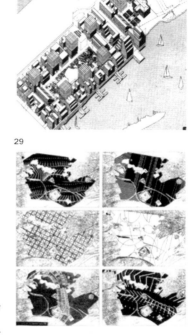

26. 库哈斯："点"城市方案,采用洛杉矶城市密度时的状态,1994 年

27. 翁格尔斯主持的"1995 年的柏林"设计方案,1968—1969 年。

28. OMA/ 库哈斯: 巴黎拉·德芳斯区扩建规划方案,尝试用各种图形网络代换到现状地形中,发现可能的规划结构,1991 年

29. 受库哈斯和曾格利斯邀请,翁格尔斯1975年参加纽约罗斯福岛规划设计竞争所做的方案。翁格尔斯在这个方案中拷贝并等比例缩小了曼哈顿的城市网格,包括位于中心位置的中央公园

尔斯介绍到了纽约,在彼得·埃森曼主持的城市与建筑研究所(Institute for Architecture and Urban Study) 做访问学者,伊里亚·曾格利斯也同时在那里任教(图 29)。他们两个人再加上祖·曾格利斯和玛德伦·弗里森道普一起在伦敦注册了大都会建筑事务所(Office for Metropolitan Architecture) ,简称OMA。此时的 OMA 只不过是一个松散的学术团体,并没有什么实际的工程项目。他们大部分时间里主要是参加设计竞赛。除了这4 个基本成员之外,间或有一些学生加入进来。其中就包括了

年轻时的扎哈·哈迪德和劳琳达·斯皮尔（Laurinda Spear），斯皮尔后来成为著名的 Architectonica 设计公司的创始人。

　　1975 年库哈斯和斯皮尔一起设计了位于迈阿密郊外海滨的一所私人住宅（图30—图32）。这栋房子供一个五口之家和他们的客人使用。建筑平行于海岸线，共二层。用地位于拥挤的私人住宅区之中，一面临海。库哈斯设计了平行的 4 片墙。这 4 片墙之间的空间容纳了家庭生活所需的各种空间，并建立了从隐秘到开放的空间序列以及与城市和海滨的基本关系。第一片墙是用自然石材砌成的实墙，除了入口和车库之外没有其他开口，它像面具一样把住宅内部的活动和外部城市环境隔开。第一和第二片墙之间的空间形成了一个展廊，用于展示主人的收藏品。第二片墙厚 2m，用抛光的大理石饰面，在一层开有 13 个门洞通向其后的房间。2m 厚的墙内空间用作贮藏室、卫生间等辅助用房。第二和第三片墙之间的空间构成主要的功能用房：卧室、起居室、

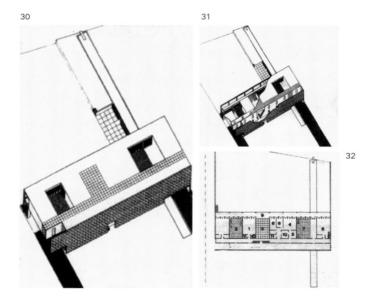

30
31
32

30. 31. 库哈斯／劳琳达·斯皮尔：迈阿密住宅轴测图，1975 年
32. 库哈斯／劳琳达·斯皮尔：迈阿密住宅二层平面图，1975 年

餐厅、活动用房,等等。第三片墙作为主要房间朝向海一侧的外墙,完全采用可开启的玻璃门,因此是完全透明的。库哈斯把第四片墙称作是"剩余物",因为它实际上是个临海的柱廊。在建筑的一端与构成建筑主体的四片墙相垂直,有一个条形游泳池,从建筑的正面一直延伸到海边。在临海一端一个跳水板分别伸向游泳池和海水一侧,这样当人们站在跳板上的时候可以选择跳入海水中或是泳池中。从这栋房子的空间形态上我们可以看出来自翁格尔斯的强烈影响。但是库哈斯通过空间设计对各种功能和娱乐活动的操控,使这栋外表封闭、呆板的房子内部充满了戏剧性和享乐的色彩。库哈斯试图在功能和各种活动与空间之间建立某种对应关系,翁格尔斯则不关心这个问题,他只追求一种稳定的空间形态和结构,用这种结构来容纳不同的活动,应对城市空间的不稳定带来的建筑功能的剧烈变化。

这栋小房子最终没有按照库哈斯的设想实施。但库哈斯和斯皮尔的方案获得了 1976 年美国进步建筑奖。

《癫狂的纽约》、达利和苏联先锋派

与此同时,库哈斯对纽约尤其是曼哈顿这个由摩天楼和矩形网格街区构成的拥挤、稠密的大都市产生了强烈的兴趣。在参与纽约的各种设计竞赛的同时,他开始收集资料,研究这个被以往的经典建筑理论视为旁门左道的建筑现象。他的调查和写作历时数年,在 1978 年以《癫狂的纽约》(*Delirious New York*)为名问世。

《癫狂的纽约》在某种意义上不仅是青年时代的库哈斯的代表作,也奠定了他迄今为止关于建筑与城市的主要观点。对库哈斯而言,《癫狂的纽约》不仅是他的认识论的宣言,同时也确立了他的方法论。纵观他以后的著述,无论是《大》《通俗城市》(*Generic City*)还是最近的《垃圾空间》(*Junk Space*),在基本观点上都没有变化。他对亚特兰大的观察,对新加坡、珠江三角洲的调研,其论调也一如《癫狂的纽约》。因此在这里我们

有必要稍微具体地介绍和讨论一下这本书。

总体而言,《癫狂的纽约》并不建立在对建筑学中的种种流派、风格、源流或哲学思想的争论之上。它是一本关于纽约城市历史和文化的书,但又刻意地与传统的建筑学的研究方法保持距离。在面对这本书的时候也许我们应该改变一下思路,把它当成一个对城市问题感兴趣的记者的长篇报道,而不是带着专业眼镜的建筑师的理论著作。它的内容主要包括两部分。第一部分共四个章节,分别记述了纽约早期的发展历史和柯尼岛(Coney Island,纽约南部的一个区)的开发过程,19世纪末20世纪初曼哈顿早期的摩天楼建设,洛克菲勒中心的建设与围绕它所发生的故事和相关人物(图33),以及欧洲人(主要记述了萨尔瓦多·达利和勒·柯布西耶)与纽约的纠葛和对摩天楼的不同态度。第二部分是后记,由库哈斯和曾格利斯等人所做的一系列关于纽约的设计方案以及文字所组成。库哈斯的目的当然不是为纽约和曼哈顿写一部城市发展史或一般意义上的建筑评论。这本书的副标题是"一个为曼哈顿而写的回溯的宣言",它清晰地传达了库哈斯的意图:要利用曼哈顿这样一个活的城市标本来确立一个反乌托邦主义的典范,要赋予正统建筑理论体系所蔑视的以纽约和它的摩天楼为代表的"拥挤的当代文化"(Culture of Congestion)以应有的地位。对于库哈斯来说,建筑学的基础不(应该)是帕拉第奥和文艺复兴,而是曼哈顿的城市网格和摩天楼。他要把主流建筑话语所不能和不敢说的话说出来。在前言中他宣称"曼哈顿是20世纪的罗塞塔之石"[27],而他自己则要做它的代言人和枪手作家(ghostwriter)[28]。

库哈斯的写作方式也不是通常的学术著作中采用的按年代时间顺序或围绕某一个主题来叙述和讨论。他把对历史事件和人物的描述拼贴到一起,通过显现其矛

33

33.《癫狂的纽约》中收录的表现奥梯斯在博览会上向公众展示他发明的安全电梯的情景的图画

盾冲突，在一个更广泛的背景下呈现"拥挤的文化"的状态。他声称这本书的结构模拟了曼哈顿的城市结构，各种不同的话题像由方格网状的街道划分开的独立街区和其中的摩天楼一样，既互不相干又彼此强化。[29]

在《癫狂的纽约》中库哈斯的评论和分析常常夹杂在对事件的描述当中。通过一幕幕曼哈顿的都市奇观，库哈斯力图证明以纽约为代表的20世纪大都市已经创造了一种完全人工化的、建立在科技文明和商业投机基础上的城市文化和建筑话语。这样的现象完全突破了传统建筑学的范畴和思考方式，也不是现代主义建筑的理性规划所能概括和解释的。

在这本书中，摩天楼构成了一个基本的核心和出发点。库哈斯认为，由于体量和高度的不断增长，摩天楼的内部建筑空间和它的外立面之间再也无法像传统建筑学理论所要求的那样，建立起相互依存、彼此映照的连续性。外立面可以完全不反映内部空间和活动。这种分离，事实上提供了建筑功能组织和对内部空间使用上的前所未有的自由。[30] 由于奥梯斯安全电梯的发明，理论上人们可以建造无限高的摩天楼（图34）。在摩天楼内，每一层都可以用作完全不同的功能。这种机制引发了无限丰富的可能性（图35）。库哈斯把摩天楼的这些特性总结为：

34   35

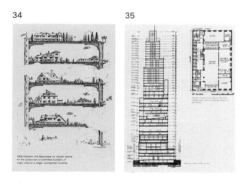

34.《癫狂的纽约》中的插图（第83页）。图中的说明文字是："1909年的原理：摩天楼作为乌托邦工具用来在一块城市用地上制造无穷多的处女地。"

35.《癫狂的纽约》中的插图（第154页），纽约下城体育俱乐部剖面与9层平面。附在9层平面图下的文字写到：下城体育俱乐部，第九层平面："戴着拳击手套吃牡蛎，赤身露体，在第n层楼……"

①对世界的复制（每一个标准层相当于对摩天楼所占据地皮的一次复制）；②附加的塔楼（高层部分可以加在裙房之上或一侧，因而具有相当大的灵活性）；③独立的街坊。[31] 这三个特征引发了雪崩式的大都市文化和行为多样性，如库哈斯在沃尔道夫 - 阿斯特里亚（Waldorf-Astoria）旅馆和下城体育俱乐部两个例子中所分析的那样（图 36—图 38）。

　　库哈斯的这种"回溯的宣言"的认识论的基础除了来自活生生的现实之外，另一个重要的参考和影响是达利及其超现实主义绘画。实际上《癫狂的纽约》的名字就来自达利和精神分析理论。众所周知，癫狂（delirium）是精神分析主要面对和研究的一种心理状态，也是达利常用的一个词。在萨尔瓦多·达利的超现实主义绘画中，弗洛伊德的精神分析学说占据了一个较为重要的位置。虽然达利的画作大多与他个人的经验有关系，但另一方面他也从文化和无意识的角度解释绘画的意义。"妄想狂的批评方法"（Paranoid Critical Method）是他从精神分析治疗中借用的一个概念，用来说明他的绘画创作方法和出发点（图 39）。这也是库哈斯最感兴趣的方法。在第 4 章"欧洲人"中他用了较多的篇幅来解释这个概念。达利把所谓"妄想狂的批评方法"解释

36
37
38

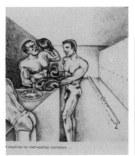

36.《癫狂的纽约》中的插图（第 159 页）：一架服务于大都市单身人士的机器
37.《癫狂的纽约》中的插图（第 153 页）：下城俱乐部外观
38.《癫狂的纽约》中的插图（第 179 页）：库哈斯心目中的"英雄"们：设计洛克菲勒中心的建筑师与开发商

为对抗现实世界的暴政的一种方法，将其称作"非理性的统治"。简单说就是把正常人理解和认识世界的程序颠倒过来，用正常的理性的方法去解释一个不可能存在或荒谬的结论。或者用达利的话说就是，"外部现实世界被当作证明的工具……来服务于我们头脑中的现实……"。[32]库哈斯把这样的观点投射到西方的历史中，他发现现实世界中的某些事件并非没有偏执妄想狂的效果，比如哥伦布"发现"美洲的过程和印第安人的由来，比如西方殖民者对殖民地的文化想象，等等。达利本人对19世纪法国画家米勒的《晚祷》（图40）的篡改是他运用偏执妄想狂的批评方法进行创作的一个例子。在达利的笔下，米勒的这幅在欧洲家喻户晓的充满了宁静的田园气息和宗教色彩的画作，被系统地改编成了一个充满了性暗示和暧昧的色情味道的画面（图41）。一个老掉牙的故事有了新的内容，令人昏昏欲睡的陈词滥调突然发出让人匪夷所思的声音。至于为什么要采用这样一种"不正常"的方式，库哈斯认为这是因为现实世界的荒谬和衰败。用他的话说叫作"现实的短缺"（reality shortage）。对此他有一段精彩的解释。在《癫狂的纽约》中他写道：

39

40

39. 萨尔瓦多·达利作于1935年的油画，名为"偏执妄想狂的孤独"。达利在此处通过绘画的手段改变现实中的事物的基本关系和逻辑，以图达到"使现实变得不可信"（discredit reality）的目的。画面中所表现的是一辆被神秘地弃于荒地上的汽车。它似乎已经像植物那样和后面的石墙长在一起，但它在地面上投下的阴影又表明它是独立的物体。在左侧它的轮廓印在石墙上，轮廓上部鼓出来的一块石头的形状正好与右侧车身上的洞口相吻合。在这幅画中所有正常的空间关系和事物的属性都被颠覆

40. 《癫狂的纽约》中的插图：法国画家米勒（Francois Millet）的名作《晚祷》

41. 达利对《晚祷》的恶作剧式的篡改：一对祈祷的夫妇上半身分别被原作中的手推车和装粮食的布袋所代替；原作中叉在地上的叉子倒过来支撑住妇人的身体；男人的帽子不再拿在手上而是挂在勃起的阴茎上，所有的东西都被另外的东西代替

事实被磨损掉，现实被消费掉。

卫城瓦解了，帕提农神庙由于越来越多游客的造访而坍塌，一个神像的大脚指在他的仰慕者的不断亲吻下渐渐消失了。所以现实世界的"大脚指"也由于暴露在人类的不断亲吻之下，而慢慢地、不可挽回地溶化掉。人类文明的强度越高，它就越是大都市文明，被亲吻的频率也就越高，由自然和人造物所组成的现实世界被消费得就越快。它们飞快地损耗掉，连后备供应也消耗殆尽。

这就是"现实的短缺"的根源。

这个进程在20世纪尤为剧烈，而且伴随着一个相关的不适应的症状：即实际上这个世界上所有的事实、它们的伴生物、现象等，都被分类编码过了，这个世界已经被完全打包装箱好了。每样东西都是已知的，包括那些还没出现的东西。

偏执妄想狂的批评方法既是这种焦虑所产生的后果，又是对抗它的药物：它许诺说，通过概念的循环，这个被磨损和消费掉的世界可以像放射性铀那样重新充满活力和丰富起来，而且可以仅仅通过解释的方法就能制造出永远新鲜的虚假的事实和编造的证据。

偏执妄想狂的批评方法是为了摧毁或至少是动摇既有的编码目录，是为了刺激和扰乱所有现存的分类系统，是为了新的开始——就仿佛这个世界像一副扑克牌那样可以重新洗牌，而它的原始顺序只令人沮丧。[33]

这一段话除了是对偏执妄想狂的批评方法的解释之外，更是库哈斯对当代文明和文化的一个基本判断，从中我们可以看到库哈斯对资本主义消费社会和它所必然导致的思想停滞和惰性的洞察力和生动刻画。毫无疑问，偏执妄想狂的批评方法构成了《癫狂的纽约》的批判性的基础（图42，图43）。

库哈斯追随达利对《晚祷》的篡改手法，把在常人眼里代表了冷漠孤独和隔离的无生命的曼哈顿的摩天楼改造成有生命的冲满了焦虑和冲动、有时又是脆弱和温情脉脉的巨人（图44）。在达利的画中，男女主角被物化；库哈斯和弗里森道普关于曼哈顿的画里面则是一个反向的操作，无生命的建筑被拟人化。

《癫狂的纽约》中还有一个潜在的主题就是资本主义和社会

42

43

44

42. 库哈斯／曾格利斯：《逃亡，或建筑的自愿囚徒》中的"分配用地"（The Allotments）中的场景。其中的人物来自《晚祷》

43. 达利的油画《建筑化的米勒的晚祷》（The Architectonic Angelus of Millet），1993

44. 马德伦·弗里森道普绘制的《无限制的弗洛伊德》，《癫狂的纽约》插图，1978 年

主义意识形态的对抗。这是我们讨论这本书时必须提到的一个话题，也是构成它的批判性的另一翼。库哈斯在城市与建筑研究所期间对苏联 1920 年代的构成主义建筑师列奥尼多夫（Ivan Leonidov）（图 45，图 46）产生了很大兴趣。1974 年库哈斯在城市与建筑研究所的期刊《反对》（*Oppositions*）第 2 期上发表了关于列奥尼多夫的一篇文章《伊万·列奥尼多夫的莫斯科纳卡姆泰兹普罗姆大教堂》。虽然在《癫狂的纽约》的主要篇幅里，库哈斯都在谈纽约和它的光怪陆离的商业文化、城市现

45

46

47

48

45. 列奥尼多夫：地区文化宫竞赛方案，莫斯科，1930 年。主体建筑为一个三面被游泳池围绕的金字塔。金字塔的两个面由金属网格和绿化组成，另外两个面为玻璃。金字塔内部空间用作游戏、休闲，由各种体育设施和冬季花园组成。库哈斯继承了列奥尼多夫设计中的享乐主义的一面

46. 列奥尼多夫：列宁学院设计方案模型，1927 年。列奥尼多夫对新的结构形式的探索也影响了库哈斯

47. 列奥尼多夫：马格尼托哥尔斯克规划方案，1930 年一个线型的城镇 / 农村的复合体

48. OMA/ 库哈斯：法国梅隆 - 塞纳（Melun-Senart）新城规划竞赛方案，1987 年。位于中心的大学校园采用了线型布局

象，但在库哈斯眼里，在 20 世纪的大部分
时间里，社会主义和资本主义这两种相互对
抗的社会结构和政治力量却以某种暗藏的方
式纠缠联结在一起。正是纽约的大众文化和
曼哈顿的网格和摩天楼最终实现了苏联先锋
派在 1920 年代的理想：实现文化产品与大众
消费的结合（图 47，图 48）。这也就是为什
么库哈斯会以描写 1920 年代苏联构成主义
者的漂浮的游泳池最终驶向纽约的寓言故事

49. 库哈斯：游泳池的故事，1976

作为《癫狂的纽约》的结尾（图 49）。《癫狂的纽约》中的一
些章节也涉及这方面的内容。在介绍柯尼岛游乐场的开发过程
中，库哈斯专门描写了苏联作家高尔基 1906 年对纽约的造访，
并提到了他参观月亮和梦园主题公园之后所写的《无聊》。[34]

在第 3 章"第五大街的克里姆林宫"一节中，他用了近 10 页的
篇幅叙述墨西哥共产党壁画家迭哥·里维拉（Diego Rivera）在
1920 年代末与苏联的瓜葛，和 1930 年代初到纽约为新落成的洛
克菲勒中心创作壁画的经历。1932 年里维拉试图在美国广播公司
大厦门厅的装饰壁画中表现他所认为的代表了人类先进文化的苏
维埃俄国的社会主义文化与资本主义世界的对抗和融合。在他的
草稿中居然出现了列宁的头像。因为触犯了美国资本主义主流意
识形态的禁忌，里维拉的创作引起了一场轩然大波。最终在一场
警察与支持里维拉的示威者的对抗中，里维拉逃回了墨西哥。[35]

安德烈·布朗齐和"无终止城市"

　　1978 年《癫狂的纽约》正式出版，这本书给库哈斯带来了
相当大的名声。尽管很多人期待看到他能把在书中倡导的观点付
诸实际，但他认为在这个时候并不具备这样做的社会条件和环境。
要到几年之后，在 1980 年代初他和伊里亚·曾格利斯参加巴黎拉
维莱特公园竞赛时，他们才第一次把摩天楼的简单结构引发多样
性的概念运用到设计中（图 50）。而要迟至 1980 年代末，他才

50
51
52

50. 库哈斯／曾格利斯：巴黎拉·维莱特公园竞赛方案概念图，1982年。条形划分的场地保证了公园可以容纳各种不同的功能，必要时也可合并组成更大的户外活动空间。这一构思被称作"水平的摩天楼"

51. OMA／库哈斯；巴黎法国国家图书馆竞赛方案模型，1989。在这个方案中库哈斯拾起了"大"的概念，试图重新定义当代高层建筑

52. OMA／库哈斯：德国卡尔斯鲁厄多媒体艺术中心竞赛方案，1989

有机会在法国国家图书馆竞赛、德国卡尔斯鲁厄多媒体艺术中心等项目中实施他的"大"的理论（图51，图52）。

在1970年代的大部分时间，库哈斯的设计语言处于翁格尔斯、超级工作室以及列奥尼多夫的影响之下。翁格尔斯的影响使他形成了从城市角度理解建筑的设计方法；超级工作室的方案使他认识到建筑语言自身的逻辑对环境所可能产生的或是实际的或是抽象的巨大影响力；列奥尼多夫则使他意识到建筑与意识形态之间的联系，以及建筑作为实现社会目标的手段和桥梁作用。但是也许这三个人再加上达利在思想方法上对库哈斯的影响，都不如建筑视窗的安德烈·布朗齐。因为在库哈斯关于当代城市问题、建筑师的角色、建筑学的专业危机等基本问题所表述的观点中，我们都能看到布朗齐的影子。在布朗齐关于城市和建筑的批判性的研究中，最重要的是他的"无终止城市"方案。

53

53. 建筑视窗／布朗齐：无终止城市方案，1969年

1969年，安德烈·布朗齐和建筑视窗的成员设计了"无终止城市"（No-Stop City）方案（图53）。他们设想了一种完全由连续的室内空间和均质单元组成的城市空间，其组织形式和空间形态像一个无穷无尽的超级市场。这个巨大的城市空间完全依赖人工照明和机

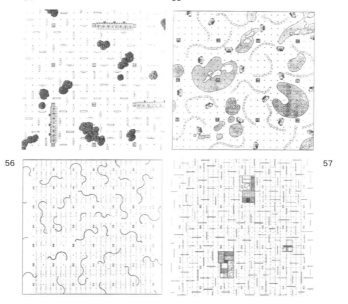

54   55

56   57

54—57. 建筑视窗 / 布朗齐：无终止城市方案，居住单元模式，1969 年

械通风，在其中甚至居住单元也变成了内外不分的完全人工环境，单体建筑消失不见了，由家具和各种设备单元取而代之。其中的居民没有固定的住所，他们可以自由选择在某个位置居住一段时间，然后移居别处（图 54—图 57）。在这个方案中城市与自然的关系也被颠覆。城市成为了主宰，纯粹的自然环境消失了，或者成为城市空间的一个组成部分。

从技术角度看，"无终止城市"方案是完全可以建造的。但从现实角度看，强制性地把城市居民塞入一个由机械维持的空间肯定是个无法接受的、荒唐的设想。与现代主义早期的积极、光明的乌托邦方案相比，这样的空间只会使人处于幽闭恐怖的心理状态。布朗齐和他的同事借助"无终止城市"方案，表达了对城市概念的新的认识。他们认为"现代大都市已经不再意味着某一个地方，而是变成了一种条件；这样的状态随着消费品的分配和扩散而在整个社会传播，居住在城市中不再意味着定居在一个地方或城市街区，而是同化于某种行为方式、语言、服饰以及印刷和电子传播的信息，城市一直延伸到这些媒介的边缘。"[36] 1960 年代资本主义国家在生产和消费体系达到一个高度成熟的状态之后，城市的物质性的一面，也就是由传统的街道、广场、住宅、公园所构成的建筑空间日益被信息传播的方式、消费的网络、经济的力量等不可见的因素所削弱和支配。传统城市结构被瓦解，城市变成了消费品生产和自由流动的领域，静态的场所被各种流动的场域和力量所形成的动态网络和模式所代替。布朗齐认为传统的、把规划当作建立某种空间秩序的手段的想法已经过时，我们应该把城市当成一种功能结构而不是文化单元。因此在"无终止城市"中，工厂（生产场所）和超级市场（消费场所）被当作基本的空间模型，传统的街道、公园、广场等城市空间类型消失了，只剩下无限延伸的均质的网络。在其中信息和物流以最有效的方式流动。在某种意义上，城市变成了"每 100 米一个的厕所"。[37]

"无终止城市"所呈现的景象，未必不能在现实中找到。它的荒诞色彩来自于对现实的片断的夸张。正是由于这种极端的逻辑，"无终止城市"中的空间是绝对中性的、开放的，它摒弃了所有传统的建筑的意义，成为纯粹的理论性的设计，一个关于未来城市的预言。由于布朗齐对西方文化和社会危机的深刻洞察力，他的诸多论断都被现实的发展所印证，因而他的理论被认为是预言性的。库哈斯在他的文章或著述中，只在很少几个场合提到布朗齐。但实际上，我们却能在他的理论中最关键的位置上找到和布朗齐相似的地方。

在《癫狂的纽约》之后，库哈斯的主要论著是 1985 年的《大》和 1994 年的《通俗城市》。《大》可以看作是《癫狂的纽约》中的"回溯的宣言"的发展和对摩天楼建筑现象的进一步的理论阐述。《通俗城市》则是对世界范围内的城市现象的总结。但我认为事实上库哈斯在 1994 年所写的另一篇题为《城市理论到底怎么了？》（What ever Happened to Urbanism？）[38] 的文章中，最为清晰和直接地表达了他对城市问题和城市规划与设计理论的看法。库哈斯在这篇文章里很罕见地针对我们应该怎么办提出了一套纲领。在这篇文章中，库哈斯一如继往地强调了当代西方城市与建筑理论中对于数量问题的视而不见以及向后看的逃避策略，如何使得城市规划师和建筑师在城市化进程中完全处于袖手旁观的位置。库哈斯认为现代主义通过技术手段、大批量生产和抽象语言而为人们提供理想生活环境的承诺彻底地落了空。而另一方面，自1960年代以后建筑和规划领域中的后现代主义所提倡的向后看的复古思潮完全违背了时代发展的要求，使得建筑师无法面对现实的复杂性和城市发展的挑战。他讥讽说，这些用古典城市观点看待现代城市的专家们就像是一群研究一个被手术切掉了的肢体上的疑难病症的医生。[39]

在一番渲染和冷嘲热讽之后，库哈斯呼吁要把城市理论从对秩序和永恒的主题、稳定性、静态的领域划分、赋予特征的关注转向创造潜在的可能性和未知的、不定形的、混杂的城市空间以及不确定性的研究。他宣称对城市的迷恋将不复存在，取而代之的是对基础设施的研究、调控和操作。[40]这样的调控和操作是为了不断地增强、简化、重新分配城市资源或使其多样化。因为城市无所不在，城市理论将再也不会是关于"新"的研究，而只是关于"更多"或"如何调整"。经过重新定义，城市理论将不仅仅是或很大程度上不是一种职业，而是一种思考的方式，一种接受已经存在的东西的意识形态。[41]把库哈斯的言论和布朗齐加以对照，无需更多分析，就可以看出库哈斯的城市观点是布朗齐的理论的极端实用主义的版本。在最根本的问题上，库哈斯和布朗齐保持了完全一致的姿态。布朗齐把经济对当代社会组织和城市空间的决定作用放在首位，他把城市看作生产、消费的网络，并进而认为城市不再是一个物质实体，而成为一种条件。"用无终止城市方案，我们证明了今天的城市淘汰了建筑学中的象征性的语言结构，因为今天的城市是完全无法表达的、紧张性官能症的、唯一的创造性的系统来自于市场的产物。"[42]布朗齐也是极少数明确提出当代建筑学和城市规划的首要任务是量的问题、而非质的问题的建筑师。他把"无终止城市"称作"没有质量"的城市，并认为现代建筑最大的贡献是在建筑中引入了大批量建造的方式。[43]

相应地，库哈斯也自始至终强调资本力量对城市发展的重要性，认为当代城市理论对量的问题的忽视使其走入了困境。我们必须找到由量的积累而导致质变的可能性和途径（quantum leap）。[44]当他在《垃圾空间》中以空调为例说明所谓条件性的空间（Conditional Space）[45]时，他所表达的和布朗齐是一个意思，只不过用了不同的说法而已。

甚至在某些概念和用词上，库哈斯也和布朗齐有着惊人的、也许并非只是巧合的相似。布朗齐把现代大都市的类型按照时间顺序分为了4种，其中从1989年柏林墙倒塌开始资本主义全球化兴起之后的城市也被他称作"通俗的大都市"（Generic Metropolis）[46]。在1973年布朗齐为意大利建筑杂志《卡萨贝拉》（*Casabella*）所写的一篇文章中，他用了"小、中、大"作为题目。众所周知，1994年库哈斯的自传性的作品集也用了几乎同样的名字，尽管要表达的内容并不完全相同。因此无论在何种意义上，贝尔拉格学院的勒默尔·范·托恩（Roemer van Toorn）把布朗齐称作库哈斯的精神之父，是一点也不过分的。

此外，关于当代建筑学的现状和在未来社会中的角色，库哈斯一方面享有布朗齐的某些见解，另一方面又和布朗齐有很大的不同。布朗齐认为在现代主义的理性规划原则遭遇危机之后，建筑学已经不再是一个与某种永恒性的价值相关的领域。早在1973年，他就认为建筑学不再只是与绘画有关，而是关乎策略的调整和改进，并且这种策略常常与设计的最终产品无关。[47]布朗齐准确预见到建筑师的职业活动将不仅仅限于设计建筑产品，而更多地是提供服务，不仅是物质层面上的，而更是非物质的。他还以曾担任过纳粹军需部长职务的建筑师阿尔伯特·斯皮尔（Albert Speer）为例，认为建筑师在未来社会中将会越来越多地越过传统建筑师的角色，更多地在协调社会组织的方面工作。[48] 库哈斯毫无疑问持有完全相同的观点。受他的影响，在今天"策略"这个词已成为全世界建筑师的口头禅。而库哈斯之后的一代建筑师如本·范·贝克尔（Ben van Berkel）、哈尼·拉希德（Hani Rashid）、斯蒂法诺·博埃里（Stefano Boeri）、布雷特·斯蒂尔（Brett Steele）[49] 则正在实践布朗齐 30 年前的预言。

另一方面，虽然布朗齐认为当代建筑学的发展最终会终结它既有的信条和规则，但这只是从一种状态向另一种状态的转变，并不意味着作为知识形式和思想领域的建筑学将会死亡。库哈斯则走得更远，他认为建筑学如不能跟上技术进步和生活方式转变的步伐，则将会被时代所淘汰。

需要指出的是，尽管库哈斯从布朗齐那里偷取了很多想法，但他们之间在两个方面有着根本不同。首先布朗齐虽然对大都市的现象很感兴趣，但他却是个都市分散主义者，所倡导的是低密度的规划方法。在这一点上库哈斯与他截然相反。第二点则体现在两个人不同的文化背景和气质上。作为一个意大利人，布朗齐不可避免地怀有一种宏大的历史观。即便他使用通俗艺术的语言，除了反讽的色彩之外还常常表现出某种静谧的、超脱的纪念碑式的气质，这也是浸染于荷兰实用主义文化的库哈斯身上绝无可能看到的。

一个建筑师的造像：库哈斯的拐杖和眼镜

通过对库哈斯的早期经历和观念的追踪，我们也许可以去除他自己和别人加在他的思想上的华丽外衣和修辞学的噱头，给库哈斯这位剧作家、记者、建筑师作一个总结。我愿意冒险一试，模仿 1970 年代汉斯·霍莱恩（Hans Hollein）对矶崎新思想渊源的画像式的解说（图 58）为库哈斯造像（图 59）。

这幅画像列出了对库哈斯产生影响的主要人物及其重要程度。由于篇幅所限，我们不可能进一步讨论他和文丘里的渊源，以及与构成他思想中另一极的属于纯粹艺术阵营的荷兰画家蒙

58

59

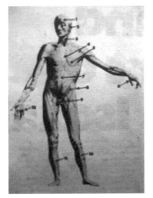

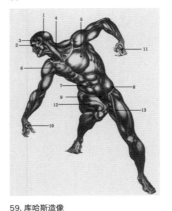

58. 汉斯·霍莱茵眼中的矶崎新，原载于
Architectural Design 1977 年第 1 期
原图注如下：
1- 头：马赛尔·杜尚
2- 眼：罗伯特·文丘里
3- 颈：菲利普·约翰逊
4- 胸：詹姆斯·斯特林
5- 心脏：米开朗琪罗或朱利奥·罗马诺
6- 左手：阿基格拉姆
7- 胃：卡洛·斯卡帕
8- 屁股：玛丽莲·梦露
9- 睾丸：丹下健三
10- 左腿：莫里斯·拉庇达斯
11- 右腿：阿道夫·纳塔里奥
12- 右手：汉斯·霍莱恩

59. 库哈斯造像
1- 头：安德烈·布朗齐
2- 眼：阿曼多
3- 耳：文丘里
4- 颈：列奥尼多夫
5- 心脏：达利
6- 胸：蒙德里安
7- 胃：安迪·沃霍尔
8- 屁股：密斯
9- 睾丸：柯布西耶
10- 右手：康斯坦特
11- 左手：阿基格拉姆
12 右腿：翁格尔斯
13- 左腿：纳塔里尼 / 超级工作室

德里安、德国建筑师密斯·凡·德·罗的关系。如我们所见，库哈斯是一个不折不扣的"68"之子。并且可以肯定的是，库哈斯在思想上坚定不移地站在通俗艺术这一边。在这方面，库哈斯的世界观、职业态度、社会理想和他所采用的手段与美国艺术家安迪·沃霍尔有着惊人的相似。

但另一方面，就像任何有创造力的建筑师和做出了巨大成就的历史人物一样，库哈斯的思想根源是一个极其复杂的问题。库哈斯的荷兰实用主义的背景、他的敏锐的观察力和灵敏嗅觉，以及出色的综合能力，使他可以把不同的甚至是完全相反的东西组合在一起，形成他自己的观点。任何根据表面的相似性所做出的判断都可能与事实南辕北辙。

此外我们也决不能把他的成就归结为仅仅是对前人思想的抄袭、借用和拼接组合的结果。事实上库哈斯在很长一段时间（从 1970 年代中到 1990 年代初）一直是一个不折不扣的反潮流者。在 1970 年代后期后现代主义甚嚣尘上之时，他坚持强调现代主义的复制方法的重要性；在密斯的设计思想和作品被主流话语批判的时候，他在 1985 年的米兰三年展中以密斯的巴塞罗那德国馆为原型和素材进行展览空间的设计；在 1990 年代初他又对当时流行的所谓"解构主义"和混沌理论提出尖锐批评。[50]库哈斯在他所经历的潮流变迁之中不为所动，坚持自己的见解，这一点是他取得今天的成就的重要原因。

向当代的延伸与危机

正如拉斐尔·莫内欧（Rofael Moneo）所观察到的，在库哈斯的理论中有一种反智主义（anti-intellecture）的倾向。[51]这种倾向倒不是因为他欣赏纽约这样的大都市和资本主义商业文明，研究摩天楼和 20 世纪流行的各种通俗文化及行为，也不是因为他所采用的观察和研究问题的经验主义方式（库哈斯从来不用演绎的论证方法，而且他对学院主义和抽象理论不感兴趣），而是来自荷兰特殊的地理政治图景、贸易国家的历史和加尔文主义宗教传统所形成的实用主义哲学。正是这种反智主义的倾向导致了库哈斯认识上的某种局限性，并使他的大多数追随者奋不顾身地投入资本力量全球化的狂欢之中不能自拔。

库哈斯对于建筑学是否是一个知识领域向来不置可否。他声称重要的是建筑学能干什么，而不是建筑学是什么。这种态度导致他这个建筑师中资本主义全球化的最大受益者，在全球化的实践中失去了准则。他的设计方法逐渐沦为一套规范性的"安全的"操作程序。他对于新的"新"（New Newness）的追求变得越来越娱乐化，而所谓绝对接受现实的"回溯的宣言"在实践中变成模棱两可的机会主义说辞。尽管库哈斯及其 OMA 仍然在创作一个又一个出人意料、震撼视听的建筑，但在思想上却出现了严重的空洞化。曾经是"政治上不正确"（political incorrectness）的设计方法衰变为自我重复（也就是要不断地制造"不同"的东西）的文化消费主义的俗套。如果说《通俗城市》作为一个宣言虽然没有提出一套纲领，但尚因对现象和事实的准确描绘而具有说服力，那么在《垃圾空间》中，则只剩下眼花缭乱的文字游戏；如果说库哈斯对于亚特兰大和新加坡的分析因其所采取的"政治不正确"的立场而确有切中要害之处和挑起论争的作用，那么以珠江三角洲的城市化为内容的《大跃进》则已经堕落成为为西方读者而做的耸人听闻的肤浅的新闻报道。作为一个中国人，我只能说库哈斯所谓的"强化差异的城市策略"的说辞，就其真实性而言，不过是一个并不真的了解当代中国的现实和文化状态的西方人的臆测和一厢情愿的认识而已。[52] 库哈斯这个最初怀着对建筑的魔力的憧憬和改造社会的远大理想开始自己建筑师生涯的年轻人最终走向它的反面。他开始把规划和建筑对立起来，他说："哪里有建筑，哪里就没有（别的）可能性。"[53] "规划创造机会，建筑固定它"。[54] 最后他直截了当地宣称建筑学以现在的状态"不可能生存到 2050 年"。[55] 在库哈斯眼里，建筑太慢了，跟不上技术进步和资本流动的频率；建筑太重了，无法和互联网虚拟空间竞争。他感兴趣的只有流动的东西，一种过程。事实上如果把《垃圾空间》里所出现的"空间"二字都替换成"资本"，它将变得更好理解，而且稍有意义一些。

当库哈斯把城市和建筑对立起来，当他不顾一切地追求"新"和激进，当他的辩证法里只剩下对技术的特殊形式的选择之后，城市不可避免地只剩下两种命运：一方面它消失了（城市不复存在，我们可以离开剧场了……）[56]，另一方面它变得更大（从 megapolis 到 metropolis），变成超级大。无论在哪种情况下，库哈斯都漏掉了一些东西，那些在《大》中被他描述为不需解释，而"就在那里"的东西。对中国建筑师来说，这些被漏掉的东西，尤其有可能是致命的。

客观地说，指出危机的表象是容易的，但要对库哈斯的理论方法中的问题予以透彻地分析则是十分困难的。正如我们开头所讨论的，库哈斯作为我们这个学科的代表人物之一，他的问题既是建筑学目前发展状况中的问题，也是我们自己的问题。这需要我们在相当长的时间里反复讨论和自我反省，并不断在实践中探索才能找到答案。

关于库哈斯的方法与中国的城市和建筑实践的关系更是一个复杂的话题。主要原因在于中国正处在一个转变的大时代中，这一点和西方社会是完全不同的。当我们试图在这样的背景下引入或嫁接他的理论时，必须十分警惕其含义的变化。一个十分现实的危险是，库哈斯的实用主义和暗藏的反智主义的态度在中国这块几乎无规则、无话语的土壤中，将会对我们的实践和认识的判断标准的确立产生极其负面的影响。基于以往的经验，可以肯定的是如果我们不加区别地接受他的理论推销，去实践所谓的"垃圾空间"，我们将得到的一定只有垃圾，而没有空间（图60，图61）。

60
61

60. 荷兰 2000 年泛欧设计竞赛（Europan 6）获奖作品：位于高速公路下的住宅方案
61. 中国贵阳：位于高架桥下的多层住宅，约建于1990 年代后期

最后我愿以布朗齐的一段话作为对库哈斯城市理论中愈演愈烈的文字泡沫的回应，同时也作为本文的结束：布朗齐对一些抱怨和哀叹城市扩散及郊区化导致城市消失的建筑师说，"城市就像一个卫生间：你可以建一个想多大就多大的浴室——它可以是 1000m² 甚至更大——但（你永远）只有一个屁眼。"[57]

* 本文部分内容得益于与伊里亚·曾格利斯的访谈，并承贝尔拉格学院皮尔·维托里奥·奥雷利慷慨提供所搜集的未发表的图片资料；华南理工大学陈志东同学帮助制作了部分插图，在此一并致谢；本文原载于《世界建筑》2005 年第 7 和第 9 期。

注释

1. Bart Lootsma. Koolhaas, Constant, and Dutch Culture in the 1960's. // Hunch (The Berlage Institute Report No.1), 1999: 154-173.

2. 同上，163.

3. 同上，158.

4. Cobra 小组是 1940 年代、1950 年代主要由丹麦、荷兰和比利时的画家组成的抽象表现主义风格的艺术小组，主要成员包括了阿斯格·约恩（Asger Jorn）、康斯坦特（Constant Permeke），成立于 1948 年，后演变成意象主义者包豪斯国际运动（International Movement for an Imaginist Bauhaus），1957 年与字母国际（Letterist International）合并为情境国际（Situationist International）。

5. Koolhaas, Constant, and Dutch Culture in the 1960's,159.

6. 根据笔者 2002 年 8 月 6 日在布鲁塞尔对伊里亚·曾格利斯的访谈。

7. Koolhaas, Constant, and Dutch Culture in the 1960's,168.

8. 同上，158.

9. 库哈斯为 1992 年日本《新建筑》杂志住宅国际设计竞赛所作的题目就是"无风格的住宅"（House with No Style）。

10. Koolhaas, Constant, and Dutch Culture in the 1960's, 158.

11. 同上，169.

12. 阿基格拉姆 1961 年成立于伦敦，主要成员是沃伦·乔克（Warren Chalk）、彼得·库克（Peter Cook）、丹尼斯·克朗普顿（Dennis Crompton）、戴维·格林（David Greene）、罗恩·赫伦（Ron Herron）和迈克尔·韦布（Michael Webb）。阿基格拉姆并无明确统一的纲领，它的成员来自不同的职业背景，都相信城市未来的出路在于把技术进步和社会变革结合起来，大部分的方案都采用了"通俗艺术 + 技术幻想"的形式。阿基格拉姆对现代建筑的功能主义原则和当时弥漫于英国的保守主义思想持批评态度，在 1960 年代和 1970 年代初产生了很大影响。主要作品有罗恩·赫伦的"行走城市"和彼得·库克的"插入城市"。阿基格拉姆于 1974 年解体。

13. 据曾格利斯与笔者的谈话。这个名字来自一部名为《卡里加里医生的储藏柜》（The Cabinet of Dr. Caligari）的无声电影。影片描述了一个精神病院中的病人头脑中幻想的故事。导演更多地站在精神病人的一边，而不是从正常人的角度看待现实世界，因而博

14. Rem Koolhaas, Bruce Mau. S,M,L,XL.（New York: The Monacelli Press,1995), 216.

15. 南京大学建筑研究所的王群教授曾撰文介绍这一方案。参见：王群．再访柏林．建筑师(89)．

16. Jeffrey Kipnis. Perfect Acts of Architecture. The Museum of Mordern Art, 2001: 14.

17. 建筑视窗正式成立于 1966 年，主要成员有安德烈·布朗齐、希尔韦托·科雷蒂（Gilberto Corretti）、保罗·德加内洛（Paolo Deganello）和马西莫·莫罗齐（Massimo Morozzi）。他们一直关注于当代建筑的理论问题和设计与当代社会与文化现实之间的关系，主要通过写作、展览和理论设计对他们所关注的问题进行讨论并提出自己的观点。这个小组的成员和超级工作室一样受到英国的阿基格拉姆的影响，于 1974 年解散。

18. 超级工作室与建筑视窗同时成立于 1966 年，主要成员为阿道夫·纳塔利尼（Adolfo Natalini）、克里斯蒂亚诺·托拉尔多·弗朗西亚（Cristano Toraldo di Francia）、罗伯托·马格里斯（Roberto Magris）、吉安·彼得罗·弗拉西内利（Gian Pietro Frassinelli）、亚历山德罗·马格里斯（Alessandro Magris）；早期与建筑视窗一起参与意大利 1960 年代激进建筑的讨论。主要作品有连续纪念碑、12 个想象的城市等。相对于建筑视窗，其设计方法更多借助于古典几何学语言，曾参加 1978 年和 1980 年威尼斯双年展。

19. Andrea Branzi. The Hot House. The MIT Press, 1984: 55.

20. 同上，54.

21. 同上，63.

22. 同上，58.

23. 库哈斯在《癫狂的纽约》一书中提出了这样一个概念。按照一般的理解，宣言总是针对未来的设想和一套行动纲领，比如 20 世纪现代主义先锋派就曾提出各种各样的宣言，它们往往代表了某种意识形态的诉求和对未来的预期。库哈斯认为正因为如此，它们的一个致命缺陷就是缺乏足够的依据，常常基于空想和良好的愿望之上，就如现代主义在二战之后的城市重建的失败那样，对未来的宣言一经实施，往往证明是一场灾难，或不可能实现的空话。而曼哈顿的情况与此正好相反，是一个由大量的实践和具体实例造就的城市，没有任何理论规划和宣言。库哈斯宣称他要接受这个现实，站在大都市"拥挤的

文化"这一边，为这一段已经发生的历史写一篇向后回顾的宣言，也就是回溯的宣言。

24. Rem Koolhaas. Rem Koolhaas: Conversations with Students. Rice University School of Architecture, Princeton Architectural Press, 1996: 65.

25. 翁格尔斯是被意大利新理性主义建筑的3个代表人物阿尔多·罗西、乔治·格拉西（Giorgio Grassi）、维托里奥·格雷戈蒂（Vittorio Gregotti）"发现"的。1959年这3个年轻的意大利建筑师受《卡萨贝拉》（Casabella）杂志的委托考察德国理性主义建筑，在科隆遇到了默默无闻的翁格尔斯，并把他介绍到意大利。

26. Alejandro Zaera-Polo 转述了库哈斯参加 Philip Johnson 的设计课与他讨论方案的情形。详见：A World Full of Holes in El Croquis (88/89), 311.

27. Rem Koolhaas. Delirious New York. The Monacelli Press, 1994: 9.

28. 同上，11.

29. 同上，11.

30. 同上，100.

31. 同上，82.

32. 同上，238.

33. 同上，241-242.

34. 同上，67.

35. 同上，220-229.

36. Andrea Branzi. The Hot House. The MIT Press, 1984: 63.

37. 同上，69.

38. S,M,L,XL. 959-971.

39. 同上，963.

40. 同上，969.

41. 同上，971.

42. Andrea Branzi. The Poetics of Balance: 39.

43. The Hot House.72.

44. S,M,L,XL.1995-1156.

45. Harvard Design School Guide to Shopping. TASCHEN, 2001: 408；世界建筑，2003(2)：100.

46. Andrea Branzi. The Poetics of Balance: 45. 布朗齐所说的4种城市类型分别是：① 机械的大都市（Mechanical Metropolis）：1920年代—1940年代现代主义先锋派和工业上升时期的城市；②均质的大都市（Homogeneous Metropolis）：1940年代—1960年代从现代主义理性规划原则的普及到危机出现；③混杂的大都市（Hybrid Metropolis）：1960年代—1989年，从现代主义危机到柏林墙倒塌；④通俗的大都市（Generic Metropolis）：1989年以来以电子传媒和信息技术的发展以及劳动力全球流动为特征的当代城市。

47. Andrea Branzi. Casabella 396, 1974: Radical Notes.

48. The Hot House.74

49. 哈尼·拉希德（Hani Rashid）是美国建筑师，1989年与利斯·安妮·库蒂尔（Lise Anne Couture）合伙成立渐近线（Asymptote）事务所，同时任教于纽约哥伦比亚大学。设计作品有古根海姆虚拟博物馆和纽约证券交易所虚拟交易大厅；斯特凡诺·博埃里（Stefano Boeri）是意大利建筑师，热那亚大学城市设计教授，曾任米兰三年展建筑策展人，并参加过"突变"（Mutations）展览；布雷特·斯蒂尔（Brett Steele）是美国人，曾任职于扎哈·哈迪德（Zaha Hadid）建筑事务所，现任教于伦敦的建筑联盟学院(AA)。

50. Alejandro Zaera. "Finding Freedoms: Conversations with Rem Koolhaas" in El Croquis 53+79, 37.

51. Rafael Moneo. Theoretical Anxiety and Design Strategies in the Work of Eight Contemporary Architects. The MIT press, 2004: 310.

52. 原文为"Exacerbated difference"，详见库哈斯为《大跃进》(Great Leap Forward) 一书所写的前言。库哈斯认为珠江三角洲的几个主要城市之间的相互竞争的关系，使它们不约而同地采取了寻求和突出与其他城市不同之处的发展策略，即所谓"强化差异"的方针。库哈斯1997年在荷兰贝尔拉格学院所做的关于珠三角的研究报告中，他甚至不能正确指出广东省在1980年代发展经济特区所用资金的来源。

53. OMA. Rem Koolhaas and Bruce Mau. "Imagining Nothingness" in S, M, L, XL. 199.

54. 转引自狄盖特（Xaveer de Geyter）1999年12月7日在贝尔拉格学院的演讲。

55. 库哈斯在获得2000年普利策建筑奖的致辞中说："可怜的建筑学！……我们仍沉浸在沙浆的死海中。如果我们不能将我们自身从'永恒'中解放出来，转而思考更急迫、更当下的新问题，建筑学不可能生存到2050年！"

56. OMA. Rem Koolhaas and Bruce Mau. Generic City. S, M, L, XL. 1995:1264；世界建筑，2003(2)：68.

57. Hunch (the Berlage institute report, No.4): 153.

阴影的礼拜
评维尔·阿雷兹的建筑思想及背景

维尔·阿雷兹（Wiel Arets）1955 年出生于荷兰南部小城海尔伦（Heerlen）。在雷姆·库哈斯之后的荷兰新一代建筑师当中，他是较为特殊的一个。在大多数荷兰建筑师的作品中很难找到像阿雷兹的建筑中常常表现出来的质朴严谨的空间形态，对构造细节的一丝不苟和材料运用的丰富多变。而他对建筑与城市的关系的态度和认识方法也和深受库哈斯理论熏陶的年轻一代建筑师截然不同。如果我们把以 MVRDV、本·凡·贝克尔（Ben van Berkel）为代表的荷兰建筑师的作品和设计思想称为"冲浪的建筑学"的话，那么也许可以借用安东尼·维德勒（Anthony Vidler）的评论，把维尔·阿雷兹的建筑思想，尤其是 1990 年代中期以前的设计方法命名为"抵抗的建筑"[1]。阿雷兹的建筑既来自于他独特的地域文化背景，同时也像他自己所说，是他所处的时代的产儿[2]。因此对他的建筑的评价和设计思想根源的考察，必然与荷兰文化和 1970 年代以来世界范围的建筑潮流和现象密切相关。

1. 艾恩德霍芬（Eindhoven）与威尼斯学派（Venetian School）

维尔·阿雷兹的家乡海尔伦位于荷兰最南部的林堡省（Limburg），它的地理位置相对远离荷兰的政治、经济和文化中心。海尔伦距离德国和比利时分别只有 10 公里和 15 公里，在它东南部不到 20 公里就是密斯·凡·德·罗的家乡，德国边境城市亚琛（Aachen）。海尔伦的地理位置决定了它处在荷兰文化的边缘。从城市景观和建筑外貌上看，海尔伦更接近德国，而不太像个荷兰城市。1970 年代末，阿雷兹来到同样位于南部的艾恩德霍芬，在此接受大学教育。他一开始曾学过一段时间物理，之后进入艾恩德霍芬理工大学建筑系。

艾恩德霍芬理工大学与荷兰建筑教育的大本营代尔夫特理工大学（Technical University of Delft）不同，它的建筑系历史相对较短，创建于 1960 年代末。它最初的办学方针是作为代尔夫特大学的补充，偏重工程技术，建筑学被当作社会学和行为科学的工具来教授，关于建筑学的历史和本体论的讨论几乎是空白。以研究和推广支撑体住宅体系闻名的建筑师哈布瑞肯（John Habraken）曾是艾恩德霍芬早期建筑教育执牛耳者之一。

1970 年代初，由于受到 1960 年代末西方社会变革以及当时各种新思潮的影响，一些学生开始要求对艾恩德霍芬呆板、保守的建筑教育进行改革。在压力之下，校方聘请了一些持不同见解的开业建筑师和学者到建筑系任教，其中包括荷兰正统现代主义建筑师维姆·奎斯特（Wim Quist）和长于住宅及居住环境的阿庞（Apon），以及后来对艾恩德霍芬建筑教育和维尔·阿雷兹本人都产生了极大影响的比利时教授格尔特·贝卡特（Geert Bekaert）。贝卡特来自鲁汶天主教大学，是意大利 20 世纪六七十年代以塔夫里为代表的威尼斯学派的追随者。他非常重视当时的建筑界正在进行的一些讨论和新的思想，是一位具有国际视野的理论家和教师。贝卡特上任后，除了重组建筑理论的教学之外，还组织了一系列的学术报告和讨论会，邀请当时大部分的国际知名建筑师和学者到艾恩德霍芬进行交流、讲学，使艾恩德霍芬理工大学由一个地方性的学校一跃成为国际论坛。也就是在 1978 年艾恩德霍芬大学的一次演讲中，查尔斯·詹克斯（Charles Jencks）第一次使用了"后现代主义"这个名词来概括 20 世纪六七十年代兴起的反现代主义建筑潮流。

在教学当中，贝卡特强调个人兴趣的作用，通过写专题报告和论文的形式来训练学生对建筑历史和理论的主动认识和个人见解，进而培养学生对建筑学和建筑实践的意义的批判和基本价值观。贝卡特回忆这段在艾恩德霍芬的经历时说："我作为一名历史教授从鲁汶来到艾恩德霍芬。不像代尔夫特大学，艾恩德霍芬没有任何可称为传统的东西。我带来了我自己的传统，没有固定的模式，只有对自由发挥的强调。和学生的接触是非常特殊和因人而异的。"[3] 这种强调学生自由发挥的教学方式对阿雷兹产生了很大的影响：一方面形成了他不带偏见地对待任何与建筑有关的现象的开放态度，另一方面是对理论问题的兴趣。阿雷兹在谈到贝卡特时说："他既不是开业建筑师也不很知名，但他使我敏锐地意识到历史和理论的意义，激发了我对书的兴趣。在例行的讨论中他从不说很多话，但我总是带着一本要看的新书离开房间。"[4] 阿雷兹的这种对理论的兴趣一直延续到后来他对瓦莱里（Paul Valery）、德勒兹（Gilles Deleuze）和福柯（Michelle Foucault）的阅读，并且一贯重视物质形式以外的建筑的意义。在阿雷兹早期的建筑实践中，他的设计经常从对任务书和某一理论概念的阅读开始，然后形成一段针对特定地点的建筑内容的文字，最终对这段文字进行概括，形成一个与建筑的空间形态有关的概念[5]。他在担任贝尔拉格建筑学院院长之后，又把贝卡特通过论文建立对建筑理论和实践的个人理解的做法引入到贝尔拉格学院。

另一方面在当时的艾恩德霍芬，美术也是人们热衷的话题。当地的凡·艾比美术馆（Van Abbe Museum）在 1970 年代组织了一系列的艺术文献展和关于极少主义、概念艺术的展览，极大地激发了建筑师和学生对于视觉艺术的兴趣。阿雷兹后来的作品中对于绘画和电影的参考也与他在艾恩德霍芬的经历有着直接的关系。

此外，1970 年代的荷兰像欧美很多地方一样，仍然处在

1968年"五月风暴"所引发的社会动荡的余波当中。年轻人采用各种极端行为来表示对资本主义制度及文化的不满和绝望。朋克、吸毒、非法占房运动(Squatting Movement)盛行一时。在学生当中普遍存在着强烈的社会批判意识和对权威的渺视,拒绝被社会制度和主流意识形态所同化。维尔·阿雷兹来自偏远的林堡省,因此他的行为和观点相对传统和保守。他在艾恩德霍芬的同学、荷兰理论家巴特·洛茨玛(Bart Lootsma)认为,阿雷兹当时的思想"不是关于拒绝,而是关于抵抗"[6]。但有一点对于阿雷兹和他的同学来说是相同的,那就是来自意大利威尼斯学派的影响。贝卡特的言传身教和对塔夫里、罗西(Aldo Rossi)、格拉西(Giorgio Grassi)的理论和作品的学习,使阿雷兹像不少同辈人一样,对建筑在当代社会中的意义持批判怀疑的态度,或者说某种程度上的虚无主义。贝卡特的基本观点是"文化正在走向衰败,必须把它从技术官僚和社会科学的学者手里拯救出来"[7]。塔夫里则在一系列的著作中不懈地解剖、论证了当代西方社会中的建筑实践与现代主义之后的价值危机的深刻联系。塔夫里的思想深受本雅明(Walter Benjamin)文化批评理论和马克思主义影响,在他的那本影响广泛的著作《建筑与乌托邦:设计和资本主义的发展》中,他广泛考察了西方近代历史中的各种建筑思潮的发展变迁,阐明了现代西方资本主义意识形态吞噬一切创造力的巨大腐蚀作用:所有建筑中的先锋派的乌托邦理论最后都被资本的逻辑和体制所吞蚀、消化,成为资本主义生产方式的牺牲品。他甚至在书的前言中宣称现代建筑除了达到一种"崇高的无用性"(sublime uselessness)之外别无出路。此外,塔夫里关于建筑设计和历史的关系的认识对阿雷兹的影响也是至关重要的。塔夫里认为我们关于历史的认识只能使我们认清建筑实践所赖以发生的环境条件,而不能提供任何可以指导建筑实践的模式和方法,也不能为其指明未来的方向。因而历史既不是我们的敌人,也不是可以依赖的朋友。

塔夫里的理论对20世纪六七十年代的建筑思想产生了广泛、深刻的影响，他所倡导的"自律的建筑学"（Autonomous Architecture）在当时很多追求变革的建筑师当中引起共鸣，成为他们的理论指导。阿雷兹早期的建筑设计毫无疑问也是以塔夫里的思想为理论基础：一方面坚持现代主义纯粹抽象的视觉语言，对抗后现代主义建筑廉价的视觉满足和对通俗文化的献媚；另一方面拒绝那种乌托邦式的建筑理想，通过把握建筑与城市之间的对抗与交流的关系来揭示当代城市环境中的矛盾，为当代建筑实践的意义寻找栖身之处。

2. 城市的建筑学和荒谬剧场

在阿雷兹的建筑中，像许多他的同辈建筑师那样，城市与建筑的关系是他一直关注的首要问题。正如他在《病毒学的建筑》一文开篇中所说，建筑是"城市发展的批判工具"[8]。我们无法判断他是否像意大利的新理性主义建筑师那样，相信某些先验的、不证自明的观念和价值，但从他的文字中我们确实可以找到很多颇具形而上色彩的论断。在《白润光洁的肌肤》（An Alabaster Skin）中他把建筑与城市的关系比作器官与人体的关系；在《病毒学的建筑》中，他称建筑为城市这个肌体内有益的病毒。

阿雷兹的建筑总是以与周围环境完全不同的形态和方式插入基地中，同时又通过建筑内部的空间组织与周围建筑和城市空间形成对话，并保持着对未来变化的适应性和灵活性。他在马斯特里赫特设计的时装店和艺术与建筑学院是他的这种城市建筑学策略的很好的例证（图1）。

马斯特里赫特时装店位于旧城中心的步行商业街。这个约30m²的建筑严格地说是对一幢临街4层传统建筑的地面层的改造。该建筑

1
1.马斯特里赫特时装店透视图

的面宽不到 4m。阿雷兹的设计的出发点是要创造一个完全不同的插入体，与原有结构形成对比。临街一面除了玻璃橱窗和门之外，用了深色钢板作立面材料。这在当时引起了很大争议。通过 4m 高的玻璃门和后部的玻璃窗，街道上行人的视线可以穿过室内空间直抵内院一角。这也是在该地段中首次把建筑内部院落的景观与街道联系起来（图 2）。阿雷兹认为这个小店铺的设计思路与罗马的万神庙有相似之处。万神庙的内部空间曾经容纳过不同的使用功能：法院、市场、教堂等，这个小时装店也可以用作别的用途，比如理发店甚至是建筑事务所[9]。但它们的基本空间特征却保持不变。

马斯特里赫特艺术与建筑学院同样位于旧城中心（图 3—图 6）。该建筑分成南北两部分，外立面由连续的半透明的玻璃砖墙面组成，以一种完全不同于周围建筑的面貌插入城市环境中，与邻近的多层住宅一起围合成了一个城市广场。建筑的南部为工作室和教室，平面由 3 个正方形基本结构单元组成。内部空

2

3

4

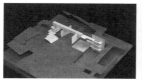

2. 马斯特里赫特时装店沿街立面照片

3. 马斯特里赫特艺术与建筑学院室内

4. 马斯特里赫特艺术与建筑学院，教室和工作室外观

5. 马斯特里赫特艺术与建筑学院南北两侧交通空间模型

6. 马斯特里赫特艺术和建筑学院教室与工作室东北侧外观

5   6

间完全开放，可根据使用要求组织室内空间。北部同样尺寸的正方形平面的体量容纳了演讲厅、图书馆和快餐厅等公共空间。南北两部分由建筑顶层的跨过广场的封闭走廊联系起来。

尽管阿雷兹非常重视建筑表皮的塑造，但这种重视并不是单纯从视觉形式的角度出发，而是其城市建筑策略的一部分。对阿雷兹而言，材料和形式从来不仅仅具有物质的意义。在谈到表皮的意义时，他说："大多数人一讨论表皮，很快就把它当成立面或者身体的表面一类很'薄'的东西。我在《白润光洁的肌肤》一文中想要说的是表皮实际上和厚度有关。甚至当你谈论一个城市的表皮，它的政治、经济状况和它的文化时也是如此，不过当你谈论城市中的建筑，厚度就与建筑前面的气氛、建筑本身和它之后的气氛有关。立面不再是一种表现的行为而具有了超出人们第一印象的多样性和复杂性。"[10]

如果说城市结构和基地的复杂性是塑造阿雷兹建筑的外部力量的话，那么他对于建筑在当代社会中的意义或者说困境的认识、他的怀疑态度则决定了他观察、分析当代社会、文化现象的角度和出发点，并进而决定了他看待建筑现象的侧重点和组织建筑空间的方式。他的观点正如他所熟悉的作家贝克特的戏剧所表达的那样：在这个充满了"理性的荒谬"的时代，建筑所能表现的只有虚空，或者用塔夫里的说法就是"崇高的无用"。

阿雷兹的虚无和玩世不恭常常隐蔽在他的建筑的严谨、理性的几何形式之下，他习惯于调动建筑中看与被看的视觉关系来创造一种仪式性的空间，这种仪式性与宗教相比又是没有主题和固定程序的。他在1991年的格罗宁根法院设计竞赛方案中将传统上互相隔离的空间，如审判室、供法官和律师用的办公用房、拘押犯人的候审室、公共交通空间甚至图书室等并列地放置在一系列相互平行的体量中，并且采用透明的外墙使这些空间相互发生视觉上的联系（图7），因而使得公众、法官、律师和罪犯这些不同的社会角色在某些时候可以从各自所处的空间看到对方。

7

7. 格罗宁根法院模型

在随后的法尔斯警察局方案中，阿雷兹用了类似方法处理一个传统上对公众封闭的建筑类型（图9）。通过对构成建筑主体的3个平行的线型空间内封闭与透明的关系的处理以及建筑与周围环境之间视线关系的调度，像在格罗宁根法院方案中一样，阿雷兹扰乱了传统权力机构中看与被看的关系。那条与建筑主体平行、由南向北穿过基地的步行道更像是某种仪式的走廊。当人们从南边由上而下接近并经过这个建筑的时候，不仅可以通过不同高度的门、窗看到门厅、会客室、接待室这一类"友好"的空间，同时也透过贴近地面的带形窗看到禁闭室内被囚禁的违法者的腿和隔壁露天房间里的警犬。实际上，当人们从城市方向接近这个建筑的时候，首先看到的正是位于最北端的警犬室。此外，在这里值得强调的是每个禁闭室的窗户都朝向距此数公里的法尔斯郊外多米尼克修道院的修士宿舍。阿雷兹以此表达了他对修道院的设计师、教士汉斯·凡·德·兰（Hans van der Laan）的敬意。

171

8

在马斯特里赫特艺术学院中，我们看到的是另一种类型的仪式空间。在学校这种现代社会里最开放、透明的场所，阿雷兹却用了半透明的玻璃砖和封闭的混凝土把它包裹起来。跨过广场的架空走廊和两侧建筑内的楼梯、坡道构成了一个围绕城市空间的交通流线，一个上→水平→下的运动的仪式。阿雷兹用

9

8. 沃尔特药店
9. 法尔斯警察局从城市方向看建筑的东北侧，金属板表面的条形体量最前端是警犬室

10. 阿姆斯特丹艺术学院 模型

来解释方案构思的一个只显示这3个交通空间的模型清楚地表明了他的意图。

在1990年阿姆斯特丹建筑学院竞赛方案中，新建筑同样由两部分组成。阿雷兹不顾技术上的困难，在椭圆形的维赛尔广场中创造了一个深达14m的地下公共空间作为建筑的中心，在地面层被城市交通分割成了3部分的新老建筑通过地下通道联系在一起（图10），因而马斯特里赫特学院的上→水平→下的仪式在这里转换成了下→水平→上。

3. 费里茨·皮奥茨（Fritz Peutz）与汉斯·凡·德·兰

维尔·阿雷兹的建筑思想和设计方法深受来自意大利的地中海文化和其他艺术形式如电影、绘画等的影响。这和他在艾恩德霍芬理工大学的经历以及1970年代意大利建筑的巨大影响有着直接关系。但是，如果要全面客观地评价他的思想方法，还必须要考虑他作为一个来自荷兰南方的建筑师的文化背景，尤其不能忽视两个荷兰本土建筑师费里茨·皮奥茨和汉斯·凡·德·兰对他的影响。皮奥茨（1886—1966）和阿雷兹一样来自海尔伦，他的建筑活动也都集中在这里。而另一位教士建筑师汉斯·凡·德·兰（1904—1991）虽然出生在荷兰中部的莱登（Leiden），但他一生的大部分时间都生活在海尔伦附近的小镇法尔斯的修道院里。阿雷兹和皮奥茨的渊源可以追溯到他的学生时代。在大学四年级时阿雷兹对这位同乡建筑师产生了浓厚兴趣。他花了很多时间研究皮奥茨在海尔伦的建筑作品和他的个人档案。有趣的是他对荷兰第一位现代建筑大师贝尔拉格（H.P. Berlage）的了解主要是通过阅读皮奥茨的藏书和格拉西的著作。阿雷兹在艾恩德霍芬理工大学为皮奥茨举办了一个作品回顾展，实际上也正是由于他的努力，皮奥茨这位被建筑史忽略了的早期现代主义建筑师才又重新被人们认识。

皮奥茨的作品主要集中在海尔伦。他创作的盛期是在 1930 年代。在不到 10 年的时间里，他设计建造了一批堪与当时任何现代建筑媲美的作品，包括从住宅到学校、商场、剧院、市政厅等各种类型的建筑（图 11—图 13）。他的建筑大部分采用现代主义形式语言：平屋顶、带形窗、玻璃幕墙、钢筋混凝土结构等。皮奥茨的过人之处不仅仅在于他对新建筑形式和结构的运用，而且在于对建筑与城市之间关系的把握，他的建筑总是在以不同的方式挑战城市的原有格局，通过非传统的建筑空间的引入在城市结构中创造矛盾和新的关系。从这一点看，皮奥茨的建筑为阿雷兹提供了直接的参考，虽然阿雷兹坚持认为他的方法与皮奥茨相比更温和。

另一位与阿雷兹的建筑思想有关的人物汉斯·凡·德·兰也是个正统建筑史中名不见经传的人物。他 1904 年出生于莱登的一个天主教家庭。1923 年进入代尔夫特大学学习建筑。4 年后，凡·德·兰辍学到乌斯特豪特（Oosterhout）的本尼迪克教会修道

11. 海尔伦皇家电影院，1937，皮奥茨设计
12. 海尔伦住宅，1932，皮奥茨设计
13. 海尔伦市政厅，1936—1942，皮奥茨设计

14. 法尔斯修道院入口
15. 法尔斯修道院内院回廊
16. 法尔斯修道院礼拜堂

院做修士，开始其宗教生涯，同时作为建筑师为教会工作。他一生只有5个建成的作品，其中包括在阿雷兹家乡海尔伦附近的小镇法尔斯郊外的本尼迪克修道院扩建。(图14—图16)作为一个宗教建筑师，凡·德·兰的建筑是与世隔绝的，他的建筑思想也带有强烈的形而上的特征。凡·德·兰终生致力于探索和谐的与生活本身合二为一的建筑。认为它不仅是实用的空间，同时也是充满了意义的场所和生命价值的体现。在那里，"每一个台阶都有一个意义"[11]。建筑和宗教一样成为一种仪式，成为对信仰的礼拜。

和皮奥茨一样，凡·德·兰也是阿雷兹十分关注的少数几位荷兰建筑师之一，阿雷兹曾在意大利的《卡萨贝拉》杂志上发表过一篇文章，评介凡·德·兰的建筑思想。他对凡·德·兰的了解应该同样始于大学时代，因为他的老师格尔特·贝卡特对凡·德·兰的建筑十分熟悉，贝卡特对凡·德·兰的仰慕显然与他们共同的天主教文化背景和精神气质有关。

虽然从形式上看，阿雷兹的建筑与凡·德·兰没有任何相似之处（实际上凡·德·兰的建筑思想因为其宗教色彩很难被其他建筑师借鉴），但在某种意义上，正是凡·德·兰为我们提供了评价阿雷兹的建筑思想的参照物。阿雷兹的灵活机智和玩世不恭与凡·德·兰的执着、虔诚正好构成了荷兰人的民族性的两个极端。

如果稍微留意一下阿雷兹的作品，就会发现有两类公共建筑的比例特别高，一类是诊所、药店（1990年代中期以前，他一共设计了8个此类建筑）；另一类是法院、警察局等司法建筑（6个）。也许这只是一种巧合，只不过反映了荷兰这个福利国家1980年代以来经济持续增长而带动的城市扩张和社会变迁。但另一方面，这个现象却碰巧揭示了阿雷兹与凡·德·兰的建筑的对立的一致性：如果我们说诊所、药店和医院一样是有关对人的身体疾病的治疗场所的话，那么，教堂无疑是对人类的精神疾病的治疗场所；如果法律是有关对人类世俗社会中的恶的惩罚的仪式，那么宗教就是关于善的颂扬和诱导的仪式。阿雷兹的建筑中对人类社会的复杂性和各种现象中的矛盾冲突的敏感和反映恰恰构成了凡·德·兰表达理性和积极的精神追求的对立面。在阿雷兹的建筑中常常流露出来的仪式性的空间特征证明了他和凡·德·兰的这种对立的一致性。

从表现方法上看，阿雷兹和凡·德·兰诉诸于人类感觉的不同方面来表现各自的仪式空间。凡·德·兰摒弃了西方传统建筑学中对视觉表现力的依赖。他对礼拜空间和建筑的内在和谐的表现主要是通过听觉和触觉来完成的。他的建筑中的单调、凝重的色彩，质朴、粗犷的材料和简单的形态把视觉上的吸引力减到了最低点。相反地，声音成了建筑的主宰。无论是在教堂里，还是在回廊和内院中，建筑表面之间颤动回荡的声音创造了使人凝神屏息感受周围事物的空间。阿雷兹的世俗建筑则诉诸视觉感受，通过对材料和空间形式的塑造，揭示和对抗城市的复杂性。

凡·德·兰的听觉的建筑直接来自本尼迪克教会的传统。在本尼迪克教会的宗教活动中，音乐一直是重要的表达和交流的手段。而阿雷兹对于看和被看的强调，显然也与荷兰尤其是荷兰南部省份新教和天主教并存的社会现实有关。在荷兰这个新教占统治地位的国家，传统上宗教对市俗生活的影响相比一些天主教国家较弱。人们对日常生活持一种开放、透明的态度，私人领地和公共领地的界限并不明显。城市中的一些私人空间如住宅、办公楼等经常在视线上完全向周围的街道、广场等公共空间开敞。即使在晚上人们也常常不使用窗帘，街道上的行人经常可以透过窗户看到室内人们的活动。而在包括荷兰南部和比利时北部的布拉邦特地区（Brabant）以及阿雷兹的家乡林堡省则是天主教地区，宗教气氛相对浓厚，几乎见不到这种城市生活中的透明性。阿雷兹的建筑中颠倒、扭曲正常的视线关系的手法在一定程度上可以看作是这种矛盾的反映。

在这个意义上，维尔·阿雷兹仍然是个荷兰建筑师。尽管他不希望别人只把他当作一个荷兰建筑师，尽管他的建筑表现出了来自日本、来自电影、绘画等多方面的影响，但他仍然无法摆脱荷兰文化的特殊性在他身上打下的烙印。

如果我们把汉斯·凡·德·兰的建筑称为"对光明的礼拜"，那么维尔·阿雷兹的建筑就是对"阴影的礼拜"。

* 原文首次发表于《世界建筑》2002年第10期。

注释
1. 安东尼·维德勒评维尔·阿雷兹的作品的文章题目为"城市的抵抗，记维尔·阿雷兹的城市建筑"（The Resistance of the City: Notes on the Urban Architecture of Wiel Arets），见维尔·阿雷兹作品专辑第9-12页，1989年。
2. Wiel Arets. "Body Invaders." in Xavier Costa, Wiel Arets, Barcelona: Ediciones Poligrafa, 2002 : 116.
3. Pier Vitriol Aureli, Saskia Kloosterboer. No history as history, No theory as Theory. Hunch, 2001(4): 40.
4. Dominic Papa. "In conversation with Wiel Arets." in EL Croquis: Wiel Arets, 1997(85): 9.
5. 同上，14.
6. Pier Vittorio Aureli. Trauma and Disappointment. Hunch, 2001(4): 46.
7. Bart Lootsma. "Personality, Craft and Tradition: The architecture roots of Wiel Arets." In Wiel Arets, Barcelona: Ediciones Poligrafa,27.
8. Wiel Arets."A Virological Architecture. " in Wiel Arets. Barcelona: Ediciones Poligrafa, p.124.
9. "In conversation with Wiel Arets." In EL Croquis: Wiel Arets, 1997(85): 13.
10. Dominic Papa." In conversation with Wiel Arets."in EL Croquis: Wiel Arets, 1997(85): 15.
11. Alberto Ferlenga, Paola Verde, "Dom Hans Van der Laan." in Architectura & Natura, 2001.10.

从香山饭店到 CCTV
中西建筑的对话与中国现代化的危机

中国建筑改革开放的 30 年和其他行业一样，可以解读为不断学习、借鉴、转化和吸收当代西方建筑思想和方法的过程。其中，国外建筑师在中国设计的工程项目最直接地影响了中国建筑实践和理论的走向。在 1978 年年底，著名的美籍华裔建筑师贝聿铭受中国政府邀请开始设计北京香山饭店。他是第一个在改革开放时期开始在中国从事建筑设计的外籍人士。30 年之后的 2008 年，荷兰建筑师库哈斯设计的中央电视台新总部大楼建成。这时候的中国已无可争议地成为世界建筑的工地，呈现出一种似乎和西方建筑同步的建筑景象。这两个相隔 30 年由海外建筑师设计的建筑，在建筑规模和外观上呈现截然不同的面貌，折射出中国建筑和社会的巨大变化。香山饭店在一个相对封闭的社会、文化环境和政府规范下的艺术和社会话语系统中表现为一个纯粹的建筑事件。30 年后的中央电视台新总部大楼在新的社会条件下已经不仅仅是建筑领域中的讨论，同时，也成为了一个社会和文化事件。这两个案例是一段浓缩的历史和改革开放的侧影，我们不仅可以看到中国的建筑和社会与西方思想之间越来越密切和复杂的纠结，同时也可以观察到由改革开放启动的中国现代化进程所带来的新的社会形式、权力结构和文化空间的变化以及最重要的中国社会现代化的困境。

1. 香山饭店的前现代与后现代

1978 年，当著名的美籍华裔建筑师贝聿铭受邀到中国访问的时候，中国刚刚确立要在 2000 年基本实现工业、农业、科技和国防现代化的目标，重新启动了现代化的进程。中央政府和北京市的官员希望他在故宫附近设计一幢二三十层的现代化高层旅馆，为中国建筑树立一个现代化的样板，同时作为中国改革开放和追求现代化的标志。这个想法在今天看来显得十分荒唐，在当时却反映出整个中国社会对西方文明所代表的现代化的急切向往。贝聿铭回绝了这个建议。他希望做一个既不是照搬美国的现代摩天楼风格，也不是完全模仿中国古代建筑形式的新建筑。最后，贝聿铭选择了在北京郊外的香山设计一个低层的旅游宾馆。1980 年，贝聿铭在接受美国记者的采访时这样说："我体会到中国建筑已处于死胡同，无方向可寻。中国建筑师会同意这点，他们不能走回头路。庙宇殿堂式的建筑不仅经济上难以办到，思想意识也接受不了。他们走过苏联的道路，他们不喜欢这样的建筑。现在他们在试走西方的道路，我恐怕他们也会接受不了……中国建筑师正在进退两难，他们不知道走哪条路。"[1] 他表示，愿意利用设计香山饭店的机会帮助中国建筑师寻找一条新路。

贝聿铭所设计的香山饭店方案是一个只有三到四层的分散布局的庭院式建筑。它的建筑形式采用了一些中国江南民居的细部，加上现代风格的形体和内部空间，是"具有中国传统建筑特征的现代建筑"。

在差不多四年的时间里，贝聿铭和他的设计团队不辞辛劳，克服种种困难以实现他的意图。香山饭店是围绕一系列庭院空间组合而成的建筑，园林景观是非常重要的一个角色。（图 1—图 3）贝聿铭为了完整地表现中国古典园林的意境，说服了当时中国政府的副总理，从远在云南的石林景区采集搬运了 230 吨的石头到香山，供造园之用。在施工的过程中，驻现场的建筑师必须和消极怠工的施工队作斗争，和当时中国社会大锅饭体

1. 与中国传统山水画拼贴在一起的香山饭店设计表现图
2. 建成后的香山饭店外景

制下的种种规章制度周旋，甚至到了开幕前一天，贝聿铭和他的夫人要亲自清扫大理石地面上的污物，他的助手要把马桶一个个擦干净。

在建造过程中，香山饭店已经受到中国建筑师和媒体的高度关注，贝聿铭也在一些场合对他的设计构思作了阐述和解释。但中国方面对香山饭店并没有一面倒地加以赞美，而是既十分好奇，又充满了疑虑。香山饭店落成投入使用之后，中国的官方媒体对这栋建筑进行了报导。《人民日报》这样写道："一开始，香山饭店似乎并不引人注目，甚至有些怪异……这种建筑在中国北方很少见，有些人甚至觉得它太素淡。如果你进饭店看看，你会觉得别有洞天……"[2] 建筑界的官方媒体《建筑学报》专门组织了研讨会对香山饭店进行评论。[3] 在各种各样的场合，中国的建筑师从各个角度对这栋建筑展开讨论，表现出了有保留的肯定态度。大多数建筑师折服于贝聿铭高超的设计手法和一丝不苟、精益求精的敬业精神；对香山饭店的空间和细节的处理、造型的丰富和统一性、对传统形式的借鉴和转化，以及建筑与园林景观和自然环境之间关系的处理都大为赞赏。另一方面，对香山饭店的批评集中在建筑之外的一些状况。一些建筑

3. 香山饭店外景

4. 香山饭店二层平面图

师认为贝聿铭选择在香山设计一个四星级旅游宾馆的做法根本是错误的，从旅馆经营的角度看，香山并不是一个大的风景区，离市区不过二十几公里，游人可以一天之内游完主要景区，回到市内过夜。在此处建造一个300多间客房的旅馆，客源无法得到保证。有一些建筑师指责贝聿铭滥用政府给予的特权，在此地建造一个 38 000m² 的庞大建筑群，尽管采用分散式的布局，（图 4）仍然砍伐了不少上百年的古树，而且造成对香山自然环境的污染。贝聿铭为了特殊的建筑效果，不惜采用磨砖对缝这样的传统手工做法，大大提高了建筑的造价。极端例子是灰砖价格高达每块十元人民币，庭院中的鹅卵石甚至比鸡蛋还贵。他动用政府资源从云南搬运巨石的做法也为人所诟病。还有人认为，如果政府能像尊重贝聿铭那样尊重中国本土建筑师，那么毫无疑问他们也能创造出同样的精品。总体而言，香山饭店所引起的争议和它的影响力在 1980 年代初期没有任何其他建筑能比得上。但由于贝聿铭无人可比的特殊地位和对项目的完全控制，加上项目本身的特殊性，使得多数人认为香山饭店虽然是一个好的艺术品，但不可能如贝聿铭所希望的那样，成为中国建筑未来发展的样本。

贝聿铭的传记作者迈克尔·坎内尔在谈及香山饭店时认为，"中国方面对香山饭店的反应不冷不热，这是由于理解上的差别太大，他们无法欣赏贝聿铭代表他们所取得的艺术成就。"⁴ 坎内尔的观察有一定道理，但并不完全准确。事实上，中国建筑师对香山饭店在艺术上的成就给予了充分的肯定和客观的评价。当时的政府、大众和建筑师所不能或者说不愿理解和接受的是贝聿铭在香山饭店背后的文化意图，或者说对西方现代主义和现代化模式的批判。坎内尔无法体会到的是，当时的中国社会和贝聿铭所处的西方语境之间在关于现代化的认识上所存在的巨大落差。实际上在 1970 年代末和 1980 年代初，中国社会和建筑师都没有准备好接受一个既不是现代风格、又非传统形式的建筑，或如贝聿铭所说，一种并非照搬西方的现代化模式。

在经历了 30 年对西方世界的隔离状态之后，中国突然发现与西方发达国家间存在着巨大差距。这种落在人后的意识使中国社会整体上对西方存在着一种乌托邦式的寄托和想象，把西方当作追赶的目标。另一方面，中国希望用西方的现代化成果和手段来解决经济、技术和文化各层面的实际问题。中国没有也完全不可能在重新启动现代化进程的开始阶段就认识到西方现代化模式的复杂性以及可能存在的问题。在建筑领域也同样如此。

对中国建筑师来说，很难感同身受的是贝聿铭所处的美国社会和文化环境。在关于香山饭店的争议中，很少触及到这个建筑所卷入的建筑中的现代主义和后现代主义之争，而这个话题在当时的美国建筑界正处在热烈讨论之中。贝聿铭也不可避免地卷入其中。美国和欧洲在二战之后经历了一个经济复苏和高速发展的时期，在 1950 年代基本完成了城市更新和扩张的过程，以及由工业社会向以第三产业为核心的后工业社会的转变。现代主义建筑和规划在这个过程中充当了重要的工具。随着消费社会的到来，西方社会对现代主义及其功能主义理论的负面影响开始进行反思和批判，在美国，社会和大众把城市更新所造成的城市衰败问题归罪于现代主义理论及其规划原则。在艺术上，对现代主义的抽象形式及排斥历史和多样性也较为反感。从 1960 年代中期开始，后现代主义作为消费社会多元价值观的代表出现在美国，它倡导抛弃现代主义的抽象语言，向日常生活中的各种现象学习，主张用兼容并包的原则取代现代主义以功能为核心的规划和设计理论，热衷于从历史的形式中寻找灵感。到 1970 年代末，后现代主义在美国的学术讨论中成为一个主流话语。贝聿铭正是在这样的一个美国背景下接手香山饭店的设计。而当时的中国，在很大程度上仍处于一种前现代的状态中，在改革开放前的 30 年中，现代主义还是一种受到批判的、反映了资产阶级腐朽没落的意识形态和价值观的艺术风格。中国建筑在改革开放之初，首要的任务是恢复现代主义的合法性，重新普及现代主义的基本原则。这种历史阶段的差异也是中国建筑师无法接受贝聿铭的非西方式现代模式的实际因素。

由于中国当时对外交流和获取信息的渠道问题，中国建筑师大多对于美国的讨论一无所知，对于香山饭店和后现代主义之间的关联也少有讨论，而是按照国内的话语系统把香山饭店当作探索民族形式和现代手法结合的案例。可以说，围绕香山饭店的对话，贝聿铭和中国的建筑师处在一种错位的关系中，贝聿铭从一种西方的视野试图为中国提供修正的现代主义模式，而处于启蒙阶段的中国建筑师完全没有也不可能意识到即将到来的现代化到底意味着什么。贝聿铭对完全照搬西方模式的现代化的忧虑，以及他在香山饭店的形式探索背后对西方现代化模式中现代与传统的紧张关系进行调节的企图很难被中国建筑师所认同。另一方面，贝聿铭毫无疑问持有一种美国式的建筑观，他把建筑形式当作建筑实践中最重要的东西，这样的处理无疑简化了中国建筑实践在现代化进程中所面对的问题的复杂性，由此而导致的后果是，贝聿铭无法感知中国建筑师在现实和历史压迫之下的紧张感，而把所有注意力放在建筑形式的艺术效果上。这是他不惜采用超出当时社会条件的手段来实现设计意图的真正原因。

所有这些社会和历史的境遇和条件，决定了香山饭店从它建成的那一天就成为激烈变化的现实之外的玻璃暖房中的奇花异草。贝聿铭的文化抱负在改革开放之初的 1980 年代注定不可能实现。香山饭店的成就被完全认定为艺术形式和建筑语言的创新。很长一段时间，中国建筑师把它当作一个建筑形式的范例加以模仿。

2. 中央电视台新楼：权力资本的影像

2008 年，伴随着北京奥运会的来临，中央电视台新楼封顶。在北京城区东部拥挤的摩天大楼当中，CCTV 新楼在高空中大跨度悬挑的造型格外引人注目。（图 5）这栋形状特殊的建筑自从 2002 年夏天在国际竞赛中被选为中标实施方案的那一天起，就成为公共媒体上争论的一个话题。

这栋大楼的设计师是国际知名的荷兰建筑师库哈斯。相比贝聿铭，库哈斯是西方建筑师中的激进派。贝聿铭是善于服务国家业主和大机构的中规中矩的建筑师，库哈斯则富于创新，善于颠覆常规和俗套。库哈斯的青年时期在 1960 年代西方社会和文化的动荡中渡过。他在著名的"五月风暴"之后开始接受建筑教育，属于西方最富于反叛精神的一代。贝聿铭通过建筑作品逐渐为社会和公众所认识，成为最成功的职业建筑师之一。库哈斯则主要是通过他的著述和公共媒体积累起建筑师的声望。1994 年他出版了现代建筑有史以来也许是最厚的一本自传性质的作品集。这本厚达 1000 页、取名为 *S,M,L,XL* 的书为库哈斯暴得大名，使他成为全世界最知名的建筑师之一。

需要特别指出的是，库哈斯年轻时曾是荷兰一份杂志的文化专栏记者，他的建筑观点中包含着对资本主义社会和文化体系总体上的批评意识。他对传统的建筑师仅仅作为艺术家的角色不以为然，更强调建筑和城市与资本主义条件下的社会、经济发展的关系。库哈斯是第一个对中国 1990 年代市场化和城市化现象进行调查和研究的西方建筑师，1996 年他曾到珠江三角洲进行考察，之后出版了关于珠三角城市现象的调查报告《大跃进》。

2002 年，库哈斯受邀参加中央电视台新总部大楼的国际建筑设计竞赛。此时的中国社会在改革开放 20 多年之后发生了巨大变化。GDP

5. 中央电视台新楼竞赛渲染图，OMA 方案

从 1979 年开始每年平均以接近 10% 的速度增长。城市化水平从 1978 年的 17.9% 提高到 39.1%。在库哈斯眼里，中国的状态在很多方面与西方国家没有什么不同或至少越来越趋于相同。经济上，中国已经具备了市场化的格局；城市化进程不断加快，人口处于事实上的自由流动状态；在城市中消费阶层已经形成，媒体和网络在社会生活中扮演着举足轻重的角色。所有这一切似乎都表明，中国将在整体实力上赶上并超过西方。

从这样的认识出发，库哈斯没有像贝聿铭那样把中国作为一个不同于西方的文化主体特殊处理。既然中国正在或已经加入到资本主义全球化的进程中，并且成为其中越来越重要的一环，那么在中国做建筑设计和其他国家就不应该有根本上的差异和特殊性。库哈斯最关心的问题是如何找到一个与中国社会、经济和文化飞速发展的状态相匹配的新的建筑形式。很显然，任何已有的传统的处理手法都不足以成为这样一种意义的载体。库哈斯所找到的是一个三维的环状摩天楼。在这个环形体量中，所有与电视节目制作和播出相关的功能和空间首尾相联，融合为一体，形成一个高效率的机构。

对这个不循常规的建筑，中国的媒体、公众和建筑师产生了截然不同的反应。从最直接的建筑形式和视觉感受到它的文化含义、社会意义和合理性，参与讨论的人几乎无法在任何一点达成多数一致的意见。很多人难以接受新楼的怪异的形态，另一些人则称赞它出人意料的新奇，挑战了传统建筑学的陈规陋习，具有创新性。一些人批评这个危险的平衡体根本不符合一个国家传媒机构所应有的稳重、庄严的性格气质；另一些人则声称非如此不足以表现一个崛起的大国前所未有的气度。(图 6，图 7)

和香山饭店的情形看上去有些相似的是，中央电视台新楼项目的合理性也遭到质疑。从技术角度看，现代网络技术和远程通讯使得电视媒体的各个环节可以分散在不同的地方，从而降低运营成本，增加灵活性。中央电视台新楼的集中办公模式完全违背了这一规律。

6. 建设中的中央电视台新楼　　　　　　　　　　　7. 中央电视台新楼仰视

但不同于香山饭店的是，公共讨论不仅仅涉及技术上和经营上的合理性，而且直指项目的合法性。有人指出，中央电视台作为中央政府领导下的垄断企业，按照市场经济的原则，其巨额收入与每一位纳税人都有关系，没有全体国民的讨论和授权，中央电视台投资的合法性必然成为一个问题。这一质疑表明政府和民众的关系发生了根本性的变化。中国社会已经从改革开放前的一元化格局，也就是政府—国家—社会一体化的权力结构演变为由社会不同阶层组成的政府、国家、社会相分离的新形态。

但另一方面，一个众所周知的事实是，中国在快速的经济发展的同时，并没有形成独立于政府权威的公民社会。虽然中国政府对经济、文化、社会各层面的约束大大减弱，但没有实现真正的自由市场经济和相应的法治管理。政府仍对国家和社会生活保持着控制，在看似市场化的经济活动背后是政府权力这只看得见的手。

当我们把中央电视台新楼置于这样的现实之中，库哈斯的设计意图与中国的语境之间的错位关系就变得一目了然。当他在设计中不加区别地把中央电视台等同于西方的大型商业机构，把设计任务设定为如何把一个巨大的商业机构的体系转化为具有活力的积极的空间体系，如何找到合适的建筑形式来表现这个庞大的传媒机构的活力和公共性的时候，他的操作建立在与事实并不完全吻合的假设上。整个项目并不像他所认为的那样是一个中性的商业操作，而是中国特殊的政治—经济—文化形态的产物。作为一个垄断传媒机构，中央电视台面对的是一个分崩离析的价值体系，它根本不可能在文化上具有任何象征性。在这样的情况下，库哈斯的创新失去了社会意义和公共价值，只剩下古怪的、没有意义指向的形式。

从中国当代独特的政治经济学角度解读中央电视台新楼，我们看到的是不合理的垄断权力借用了最前卫的艺术形式来塑造一种虚假的公共性。它以空间的形式凸显了中国社会现代化进程的一个困境，就是权力对资本和市场的垄断。

* 原文首次发表于《今天》第 85 期。

注释

1. B. 戴蒙斯丹 .《现代美国建筑》连载（三）：访贝聿铭（I.M. PEI）. 建筑学报，1985(6)：62，67.

2. 迈克尔·坎内尔 . 贝聿铭传：现代主义大师 . 北京：中国文学出版社，1997:322.

3. 北京香山饭店建筑设计座谈会 . 建筑学报，1983(3)：57，64.

4. 贝聿铭传：现代主义大师，第 32 页 .

现实与观点：随笔

一种现实（一）

中国当代建筑在 1992 年之后，随着全面市场化改革发生了一次自 1949 年以来最重要的转变。

在变化刚刚开始的 1990 年代中后期，并没有人意识到这是一个时代的结束和另一个时代的开始。建筑师们只是发现项目越来越多，城市越来越像工地，并且涌进了越来越多的外地人。我们没有意识到一种生活方式正永远地离我们而去，而另外一种生活正降临在我们头上：离开我们的是那种代表着约束性的、公共的、集体的想象力和理想主义，正在降临的是个人主义的、自由的、貌似开放的和本质上实用主义的。在 10 年左右的时间里，我们目睹了这个急剧的变化。社会中的少数人迅速聚集了大量财富，另外一部分人却仍然处于赤贫状态。

这是中国近 100 年来最深刻的变革。一个无可争议的事实是，中国在 21 世纪之交开始了一场资本原始积累的活剧。建筑师既是这场活剧的观众，又是其中的演员。在某些时刻，这个社会所呈现的场景使我们联想到 19 世纪狄更斯和左拉笔下的英国和法国。以这样一种时空倒错的方式，中国开始了独特的现代化进程。

任何一个作为知识分子的建筑师都不会回避这样的现实。在中国，似乎是突然之间，建筑师像 20 世纪初欧洲的现代主义建筑运动时那样，肩负着为未来的生活提供指引和选择的重任。

在这样的总体背景下，如何对现有知识体系进行改造以应对新的时代要求和剧烈变化的社会现实，是摆在当代中国建筑师面前的急迫任务。1949 年以后的社会主义时期，在政治和意识形态的强大压力下，经过两代人的时间，在建筑和视觉艺术领域里发展形成了一套社会主义现实主义的设计方法和语言。这是一个融会了西方古典艺术规范和现代建筑与艺术语言的成熟的体系。在差不多 40 年的时间里，建筑师和艺术家用这套体系创作出了一批经典作品。在这样一个中国的"前现代"时期，艺术语言和社会体制、生活方式一度达到了一个高度吻合的状态。但是当那种生活方式离我们而去之后，老的艺术语言，连同那种艺术与生活的关系也不复存在，成为历史标本而失去了活力。我们必须寻找新的关于真实性的标准，重新界定艺术与社会现实的关系，并建立我们这个时代的新的语言规范。

同时，希望一蹴而就地认识和把握现实的复杂性是不切实际的。未来中国的建筑体系和典范的确立只能通过缓慢的、一点一滴的积累来实现。每一个中国建筑师个人的创作，只要包含了对客观真实性的某种追问和思考，都将构成对新的建筑体系的整体追求的一部分。仅从这一点来说，中国建筑师仍然拥有一个整体性的目标。这是中国建筑师的幸运之处。

对于新的体系的追寻和塑造将在未来的某个时刻完成。但在这之前，我们面临的仍将是一个痛苦漫长的与现实世界搏斗的过程，建筑师将被悬置于他的理性和现实的不确定性之间。这是中国建筑的一种现实。

　　* 写于 2006 年。

一种现实（二）

观点：反思"摸着石头过河"

一个无可争议的事实是，中国已经成为西方资本主义文明及其所推动的现代化进程的也许是最后一块也是最大规模的实验场地。中国自 1978 年以来的改革开放以及思想上的新启蒙运动，无不是以各种变通的形式按照西方的经济、技术、文化和思想模式及其价值观进行。迄今为止如我们所看到的中国社会的各方面都在发生飞速变化，但同时中国社会的基本矛盾到今天已经积累到一个危险的程度，表现在政治、经济和文化各方面，即便是建筑学这样的边缘学科也无法视而不见。无论在思想领域还是在建筑学的理论中，改革开放以来我们所习惯的"摸着石头过河"的经验主义方法已经到了必须进行反省的时候。一种真正基于现实的、有预见性和一贯立场的价值观和方法必须尽快建立起来。另一方面我们对西方思想的理解和认识同时也必须进行清理，因为我们对现实的认识建立在对西方思想的认识基础上，对于现实问题的解决方法也必然来自于西方的参考。

以下的讨论以住宅问题为切入点，从对现实的观察和简单的事实出发尝试触及这样一些问题：中国的社会正在发生怎样的变化？这些变化怎样限定了建筑师与社会之间的关系？建筑实践中的美学原则和社会意义是以怎样的方式联系起来的？我们的建筑实践真的是现代的吗？

现实：住宅建设的现代化与反现代化

1993年中国开始推行住宅市场化政策，逐步放弃之前的福利分房体系。到2000年前后，全国基本上实现住宅完全市场化。具体到住宅建设方面，从1997年到2007年大约10年时间里，全国商品房建设量由11 000万平方米增加到78 800万平方米，增长约7倍多，经济适用房由1 720万平方米增加到约4 810万平方米，增长不到3倍。带有部分福利性质的经济适用房占全部住宅建设量的百分比由13%下降到5.4%。[1]这个过程是被著名学者秦晖描述为"中国的美国化"进程的一个组成部分。秦晖在《"中国奇迹"的形成与未来——改革三十年之我见》[2]一文中指出，中国在1992年市场化改革全面启动之后，并没有建立起与市场体系相匹配的行政体系和法律制度，而是依然坚持政府对社会和经济的主导，实行了一种有悖于现代经济和政治原则的路线。在西方，通常所谓右翼政党比较强调个人自由，主张限制政府权力，要政府少干预社会和个人事务，实行低社会福利，高个人自由；左派则强调政府应该承担更多的社会责任，在享有更多的社会福利的条件下公民把某些个人权利让渡给政府，即所谓的高社会福利，低个人自由。在上述两种情况下，政府的权力和它要承担的义务和责任都是对等的。但中国在1992年之后的改革过程中，当政策向左转时，政府就积极扩大自己的权力和在市场体系中的管辖范围。当政策向右转时，就以市场化的名义甩掉诸如住房、医疗、养老的包袱，形成了一个权力最大、责任最小的行政体系和低福利、低个人自由的社会状态，甚至政府本身在某些领域已经成为一个利益主体。秦晖认为中国改革三十年尤其是1992年以来的经济奇迹就建立在这样的格局之上。

现代社会的主要特征是自由市场的经济体制、有限政府以及基本的福利保障制度。无论在何种文化、地域或文明体系中，以上这几个方面都是现代国家的基本条件。其中对政府权力的界限和责任的规定是最基本的制度。对照这些基本特征可以发现，在政府与市场、社会的关系上，中国十几年来的变化实际上是一个反现代的过程，社会的发育大大滞后于经济发展。政府虽然有选择地放弃了一些权力，但仍看不到向有限政府转变的可能性。中国社会很明显地在基本制度层面发生了扭曲，改革进程出现了经济层面的现代化和社会、政治层面的反现代化的矛盾。

当政府把住房市场化之后，开发商取代政府成为城市化的主角和城市居住空间的塑造者。但开发商和房地产公司并不能像政府机构一样拥有较全面的信息或者成为一个中立的执行机构。作为以营利为目标的商业机构，房地产公司关注的一定是局部的环境和经济效益，它们没有能力也没有义务从整个城市的角度出发进行居住环境的建设并把社会效益放在第一位。由此而导致的必然结果，正如我们所看到的，是城市公共资源和住宅开发日益成为商业投机和营利的工具。到 2007 年房地产税收占地方政府税收 20% 以上，加上政府出让土地的收入，地方政府收入的一大半来自房地产业。这种情况使得政府必须与房地产开发者结成利益共同体，共同维持或推高市场价格。而高房价使住房成为普通人的负担，农村人口进入城市的门槛大大提高，最终使住房建设成为城市化进程的一个障碍。在城市空间方面，居住区和城市环境脱节并越来越"孤岛化"。

同样由于这种扭曲的结构，中国的建筑师和规划师非常奇怪地成为城市化进程的旁观者和住宅生产和市场产业链末端的一个环节。所有的城市发展决策几乎都与建筑师无关。少数基于某种共识之上的社会共同体完全无法与现有的体制对接或有效合作。建筑师得不到体制或社会共识的支持，建筑几乎变成个人化的行为。在现实中，建筑师唯一的指望是获得一位开明的甲方或开发商百分之百的信任与支持。

* 原文首次发表于《城市建筑》2009 年第 12 期。

注释

1. 数据来自国家统计局 2008 年统计年鉴 http://www.stats.gov.cn/tjsj/ndsj/。所有住宅数字均为开工建设量。
2. 秦晖：《"中国奇迹"的形成与未来——改革三十年之我见》，刊载于 2008 年 2 月 21 日《南方周末》。

一种现实（三）

去除东方的神秘性

在西方主流学术语境里，东方已经不再作为一种"他者"被看待和研究。作为东方文化和文明的主体，在我们的认知中，东方的事物不应该从文化特殊性的角度被抽象化地解读。从其历史、社会和经济的结构和关系出发，中国语境中的事物的逻辑可以得到合理性的解释。

"刻奇"

"刻奇"（Kitsch）在中国的社会生活中呈现转型社会的复杂性。娱乐文化较少带有意识形态的色彩（它不迎合政治），然而，"刻奇"对大众的日常生活具有腐蚀性，消解个人生活和社会生活的积极性。和任何文化背景下的娱乐至死的消费文化一样，它使人的精神世界扁平化，丧失与现实世界的联系和创造性。

在建筑中流行的形态和图像式的建筑妨碍了一种真实的、具有长久价值的空间实践。

娱乐文化与伪地域主义

"刻奇"追随经济利益（媒体追随收视率）。"刻奇"导致对历史的简化。文化反抗经济单一向量的价值体系，反对经济学的暴政，这种反抗的基础是基于文化共同体的集体记忆和历史意识。历史是现代化之后意义的唯一来源和参照系。

失去历史意识的文化特别适宜于伪地域主义生长。在中国大陆，传统文化及其文明礼仪日渐消逝。新的价值观正在成长形成之中。

一种新的真实的地域主义需要正视现实，而不是假设一种与现实失去联系的价值系统及符号。伪地域主义提供消费的符号和想象的满足，而不是真实地面对现实世界的矛盾。

现代主义是现实主义：现代主义的正当性

在现代社会的组织形式、人口规模和生活方式下，世界各地的传统建造方式和资源消耗的模式没有可持续性。这一状况使得现代的建造方式拥有相对合理性。

中国的现代建筑实践不具备现代主义运动中的社会属性，现代主义被风格化。另一方面，现代艺术所创造出的抽象形式从不被公众主流接受。使社会和大众接受现代主义的艺术形式仍然是中国建筑师的历史责任。

* 写于 2013—2015 年。

立此为据

　　我不明白伊东丰雄的建筑为什么要追求"速朽",以及如何才能追求"速朽"。他盖的那些房子,机灵、乖巧、讨人喜欢,在我看来更适合放在橱窗里。但是以我之见这些不是建筑师该干的事。施泰格缪勒(Wolfgang Stegmuller)在1970年代写的《当代哲学主流》开篇就讲到哲学专业的分裂。他说到20世纪后半叶,在哲学研究中虽然所有人都顶着哲学家的帽子,但是一些哲学家完全不理解另一些哲学家在干什么,也理解不了他们为什么这么干,二者处于无法交流的状态。我得承认,我对现在的很多建筑师,不管是中国的还是外国的,就是这种感觉。实际上我还对更多的人是否是建筑师有疑问。比如现在有点时髦的 B.I.G,在我看来就不像是一伙建筑师。再比如,藤本壮介这样的建筑师受追捧是我永远也弄不明白的事。

　　也许应该把话说得再简单直白一点。如果对我们的专业知识做个清点,我认为可以把类似于盖里、哈迪德及其用最新型的软件所创造出来的纯粹图像的东西排除在建筑学之外。这些建筑师和软件创造出来的"新"的形式,倒因为果,混淆了建筑学的伦理,在美学上肤浅而滑稽,除了瞬间的震惊之外没有长久的价值和对人心智的启迪,像好莱坞大片一样扭曲人的现实感,只适合16岁以下的未成年人观赏。这一类建筑,如果可以称之为建筑的话,和30年前流行的美国式的后现代建筑一样,徒有其表,把建筑降低为一场生理水平的简单的"刺激—满足"反应。

我们应该记住，建筑学不是一个每年提出一种新理论或者视觉形式去讨好观众和听众的职业，建筑师更不是一群可以肆无忌惮地任意试验各种新形式的科学狂人。最重要的是，建筑学脱离了历史的维度就成为无源之水。我不相信现在流行的无历史意识（a-historical）、无政治意识（apolitical）的纯形式的操作能够挽救建筑学。有人不承认这一点。有些人可能会说，看，盖里的毕尔巴鄂美术馆吸引了那么多游人参观，甚至拯救了一座城市，这难道不是一个好的建筑么？但是一个非常简单的事实是，建筑的价值远远不是只用经济学标准就能够衡量的。

如果非要做一个根本的立场表述，我想说的是：我决不承认那些已经发生的事都是正当的。具体到中国的现实，我决不承认存在的就是合理的，也不觉得现实就应该是这个样子。我们这里流行这样一种说法：某某是有问题的，但是人家忽悠了一大批人，造成了相当的影响，所以代表了成功之一种。在我看来这完全是市侩的逻辑，十足鲜廉寡耻，和建筑学的讨论没有任何关系。我唯一的恐惧是将来的人们在谈论这个时代的时候，被他们所代表。如果能和未来对话，我想说请千万不要把我划到他们那一群里。

* 写于 2013 年。

我的建筑学常识

在今天，一个建筑设计如果太"完美"，听上去完全符合主流的价值观，概念说辞毫无漏洞，看上去满足所有对形式美感的期待，挠到你的痒处让你觉得很爽，这个建筑准有问题。

建筑的存在不是为了证明一种理论和概念，建筑的形成不是运用某一种原理的结果。

建筑设计不是去发明（invent），而是去发现（discover）。建筑学不是科学，不能只用新和旧的标准来衡量。新不意味着新技术，有创新的建筑不等于用新技术、新材料多的建筑。创新也不等于创造一种前所未见的形式。

建筑的实现有赖于对真实性的追问。建筑的真实性包含伦理价值的考虑在内，包含了对使用者真实的生活状态和情感的认识，因而大于科学意义的真实性。对这一价值的追问赋予了建筑以现实性，提供了建筑社会性的基础和可能性。建筑的真实性不能等同于建造的真实性。

建筑是一种文明及其仪态的表达。如果文明和伦理是不完整的或者混乱的，就像今天中国大陆的状态这样，那么建筑师应该有勇气放弃对美学的纯粹性的追求，表现或者至少承认这种混乱和矛盾。

事实上今天的建筑学已经处于分裂的边缘，就如同 1950 年代的哲学专业一样。一部分建筑师做的工作及其所认同的价值完全不同于其他建筑师，并且看不到互相沟通的可能性。

从文明的层面而言这是现代化的必然结果，是知识进化的一个部分。我们必须忍受这种分裂和不确定性。这也是现代性的宿命。

* 写于 2011 年。

我们画的是施工图吗

我一直有个很确定的看法，中国建筑师和设计院做的施工图根本不是施工图，或者说完全没有达到施工图深度，最多相当于国外的扩初设计深度（Design Development）。据我的观察，施工单位拿着这样的图纸，有很多东西都没办法按图施工，甲方拿着这样的图纸也不能很准确地确定造价，因为还要确认和补充一些更具体的材料做法和节点。除去一些人为的因素，比如甲方给的设计费太低、时间太短或工期太紧导致没时间完善图纸这一类问题，我认为在技术上最直接的原因是大部分的设计单位还在用标准图做设计。在目前的情况下，大部分的标准图不可能很准确完整地指导施工，只有生产厂家提供的单项产品图集和技术规范或指引才能做到这一点。

标准图不能用来做施工图的原因也很简单，因为标准图是计划经济时代的产物，它的目的根本不是为了满足社会生活和物质产品多样化的市场经济条件下的建筑施工组织。标准图在技术上的初衷是为了确立一整套统一可行的做法，提高效率，降低成本。这个目标也符合工业化的要求。本来标准图和技术多样化并不矛盾，在标准图的基础上，当然有可能根据实际需要发展出各种各样的技术和材料做法。可是因为在1980年代改革开放前的整个计划经济时期，中国都处在物质贫乏短缺的状态，盖房子和生产其他商品一样，只够满足基本使用要求，没什么条件搞出很多花样，标准图里的材料做法有五六种也就够用了，技术部门和设计单位根本没有动力和必要去搞更多的技术标准和做法。这样标准图就显得不像是一个基础性的标准，而成了限制性的标准，建筑师只能在标准图里挑挑拣拣搞设计。

除了技术上的目标，事实上计划经济时期的政治和权力模式还造成了建筑行业的标准图有另一种用途。除了指导建筑设计、统一技术规范和施工标准化之外，标准图还有个很重要的目的是控制建筑的级别。而这个才是更根本的问题。

在计划经济时代，政府包办了所有的社会需求和人们生活的方方面面，同时建立了一整套官僚机构来维持国家的运转和保障每个人的基本生活。政府核算和计划安排维持社会运转的各种机构的费用成本，给它们制定一套运营标准，简单点说就是养着这些机构，同时规定好机构里应该有多少人，每个人工资待遇多少，每年用多少钱，干多少事，住什么样的房子，等等。顺便说一下，在这套体系里面设计院也一样是隶属于政府的行政事业单位，也就是政府的下一级执行机构。那个时候设计单位搞设计是不收设计费的（设计费是市场经济的概念），而是靠政府行政拨款维持，每年由政府下拨一笔固定数目的行政事业费。设计院每年的设计项目也由政府计划指定。

在民用项目中，比如办公楼和住宅，它们的建设标准是根据建设单位的行政级别规定好的。市级单位和省级单位的办公楼标准是不同的，区县级又低于市级。不同级别单位的住宅标准也不同。除了人均面积之外，建筑里能用什么材料、不能用什么材料都规定好了。政府通过设计院来监控这些建筑物的标准。如果超标，设计院会被追究责任。我 1980 年代末进设计院的时候还赶上过这样的事，设计一个住宅，只能用钢窗，不能用铝合金窗，因为级别不够高。因此设计单位也就是现在通常说的乙方，实际上是建设单位也就是现在的业主或者甲方的监督方。也就是说在计划经济时代乙方是监控甲方的，或者更确切地说设计方是甲方，建设方是乙方。用设计院来控制建设标准，这实质上是一种权力设置。标准图就是对应于行政级别实施监控的技术标准，本质上它体现的也是一种权力关系。

从这个角度看，标准图在实际操作中根本不是为了满足人的多种多样需求，而是趋向于尽量简化这些需求，让建筑类型和产品变单一，变得好控制。可以看出，这个目标是和现在的市场经济完全背道而驰的。

既然这个事情看上去这么显而易见地不合理，为什么改革开放30多年，我们还在用标准图呢？这个问题和中国社会现在碰到的很多改革困境一样，说起来并不复杂：这是因为我们的改革不彻底，并不是完全市场化的制度，政府权力部门和监管者并不愿意把手中的权力下放给市场，所以搞到现在还是个双轨制的二半吊子体系。

进一步对比一下国外市场经济条件下比较成熟的职业和技术体系，我们会发现让建筑师做施工图这件事本身就反映了一种计划经济的权力模式的残余。

在西方国家，建筑师是可以不做施工图的。施工图常常由建筑承包商（contractor）做。承包商受过基本的建筑训练，能识图，能根据图纸理解建筑设计的意图。此外他们很熟悉各种材料的技术规范、施工做法和造价，这也是承包商做施工图的技术能力所在。承包商负责把建筑师的设计转换成可行的施工方案，他们做施工图依据的就是各种材料的产品图集和具体的技术要求。作为房屋的承建方，承包商需要随时了解最新的材料和施工技术，收集相关的信息。由于跟房屋建造有关的材料和技术非常多，加上现在新材料、新产品的更新很快，承包商要了解的信息量非常之大。举个例子，可能单是外墙装饰材料就有几十上百种。正是因为承包商以产品图集为依据做施工图，他们的图纸会细到把门把手和窗铰链的具体型号和颜色，甚至是每颗螺丝的位置都确定下来。从这个情况也可以看出来，从事方案设计的建筑师基本不可能有时间和精力同时做施工图。在国外建筑师一般只做到扩初阶段，把设计方案想要的材质效果表达清楚，然后交到承包商或者施工企业手上，由他们完成最终的施工图设计。

除了承包商之外，国外比较大的建筑施工企业一般也配有技术人员专门做施工图。大中型建筑的施工图有不少是施工企业来完成的。当然国外也有一些大型的设计公司，也专门有人做施工图，这类公司的规模一般在百人以上，属于极少数。

到目前为止，在中国现在的体制中施工图仍然由设计单位负责。如果还是在以前的计划经济时代，就像十几年前的情况那样，建筑师拿标准图做施工图设计基本上应付得来。但是在现在已经高度市场化的体系当中，使用者要求的多样性、层出不穷的新产品和新技术、建筑规模的变化和越来越复杂的技术要求，这些都造成用标准图做施工图已经完全没可能达到可实施的深度。另外，从上面的分析中我们也能看出来，即便没有现实中普遍存在的设计费太低的问题，中国建筑师也根本不可能有时间和精力像国外的承包商那样用产品图集完成真正的施工图设计，而只能还用标准图来做简化的施工图。这就是我们现在每天都在画的二半吊子施工图。

有人可能会说，标准图未必像上面说的这么差，未必标准图就不能服务于市场经济。确实，现在的标准图和十几年前很不一样，在多样化上进步非常大。以楼梯栏杆为例，十几年前的图集里面可能只有不到 10 种做法，新出的图集里面可以找到四五十种不同的样式。可以看得出，隶属政府部门的标准图编制机构也试图尽量贴近社会需求。但是这仍然满足不了实际需要。要是想满足实际需要，可能得要 300 种做法，而且还得每年根据市场需求和技术发展更新。可是要真的能做到这一步，那还叫标准图吗？

在完全市场经济中只有基于契约合同之上的服务原则，建筑师和承包商以及业主是平等的责任主体，只有服务与被服务关系，而没有权力上的从属关系，不存在谁监督谁的问题。因此，职业体系是根据怎样最方便、最简单、最快地完成一项工程来设置的。国外的职业体系中让施工单位或承建方来做施工图，最大的好处是发挥他们熟悉材料和施工工艺的长处。这种设置体现的就是效率原则。我们让建筑师做施工图，如上面所分析的，这种设置的基本指向是方便设计单位监管建设方，用市场经济的术语，就是让乙方监督甲方。它考虑的首先是权力问题，而不是怎样做最有效率。在目前的行政体制下，政府管理部门根本没有动力和意愿去废除这种体系。因为众所周知，只有双轨制才能给管理部门带来权力寻租的空间。

* 写于 2012 年。

碎·灰空间·完成度

碎

有一些专业流行语很有意思,人人都在用,可从来没有确切的定义,在使用中大家又都明白这些词是指什么。我记得的最老的一个词是"碎"。我在1980年代上大学的时候就在用,现在设计课上很多学生对自己的设计不满意的时候仍然用这个词,老师批评学生的设计也这么说。"碎"的来源无法考证,可能从20世纪五六十年代甚至更早就有这个说法了。

"碎"是个贬义词。"碎"主要指形态设计和构图问题,疑似来自琐碎,主要意思指各部分之间互不相关,混乱,"没有整体感";某些情况下也指房间之间的使用关系不清晰,方案的功能没有基本合理性。"碎"多少也有丑陋的意思。

2

1

1. 柏林犹太博物馆,丹尼尔·里伯斯金(Daniel Libeskind)
2. 柏林犹太博物馆室内交通空间

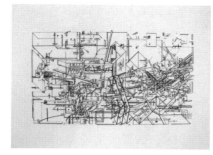

3. 里伯斯金的抽象画
4. 毕加索的拼贴画《吉他》

单纯从字面上看，上面这些说法都不是很经得住推敲，很容易找出一些相反的实例（图1，图2，图3）。如果仅仅从形式的角度出发，指构图上的非整体、互不相关、不连续和混乱的话，那么我们以现代艺术为例，立即可以得出一个结论：现代艺术的基本特征就是"碎"。比如毕加索首创的拼贴画不就是把互不相关的东西搭在一起吗（图4）？有人可能会说，立体主义虽然没有表现出传统的整体性，但还是有一种动态的构图原则在其中，有某种"统一性"或者连续性在其中，所以不能认为是"碎"。在某些情况下，至少在碎片之间还有某种形态上的相似性。

那么我们再看两个构成主义的例子：梅尔尼科夫1934年苏维埃重工业部办公楼方案（图5）和尼古拉·杜夫斯基（Nikolai Ladovsky）1920年公社方案（图6）。很显然，这两个例子中几乎没有什么东西是一致的。

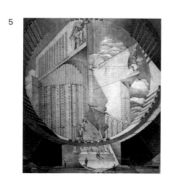

5. 梅尔尼科夫1934年苏维埃重工业部办公楼方案
6. 杜夫斯基1920年公社方案

7.《下楼的裸女》，
马塞尔 · 杜尚，1912

更极端的例子是达达主义。达达主义从意图上就是反设计的。马塞尔·杜尚、弗朗西·毕卡比亚等达达主义者的创作从不跟随时下流行的艺术标准，而是追求"无规律"、"无意义"的"碎"。（图7）

盖里在1970年代的自宅改建中，偶然和即兴的"设计"占了主导位置（图8）。单从构图的角度，这是个典型的"碎"的案例：可以说它的目标就是"碎"。

那么我们是不是要承认，"碎"的贬义是个误会，构图也没有规律，无所谓原则，怎么干都是对的？如果真是这样就太具颠覆性了：建筑设计和随心所欲的胡来有什么分别？

上面这些辩解有抬杠的味道。但我的意思是，"碎"如果只是就事论事地使用，不和某些言外之意联系起来的话，确实会失去标准，变得没有意义。

达达主义把偶然性也引入到艺术创造中，如果偶然性都算作艺术准则，那么现代艺术还有没有方法和标准可言？事实上我们都知道，达达主义是用偶然性对抗混乱的现实和传统艺术的规则。所以偶然性是有目的的。

有一种与"碎"相似的说法，是我从外国的建筑师那儿听来的：too busy。意思是你的设计很慌乱，正在急匆匆奔向某个目标，但是还没有十分清晰。

8

8. 盖里住宅（Gehry Residence），1978

所以我的理解大概是这样的："碎"的贬义来自于手段和目标之间的关系。碎是相对于某一个目标的，也就是你的方法和目标不匹配。实际上当你的方案被批评为"碎"的时候，批评者是在和你谈（可能的）目标问题，意思是你设计的目标是混乱的。

灰空间

第二个词是"灰空间"，它 1980 年代中期以后开始出现，现在的学生还用这个词表示廊下空间、过渡空间。

9. 黑川纪章

在中国这个词的渊源很清楚，来自日本建筑师黑川纪章（图 9）。1984 年《世界建筑》给黑川出了一期专辑。专辑中黑川的几篇文章都谈到了日本传统和"利休灰"这个概念。给一位来自发达资本主义国家的建筑师出专辑，这是改革开放以后、也是 1949 年之后的头一回，产生了非常大的影响。大到很多建筑师和学生不分青红皂白，认定了黑川纪章是日本最好的建筑师，黑川的设计是独一无二的，他的方法也是独创的。这个反应连当时的主编曾昭奋先生都看不过去了，出来澄清说给黑川出专辑并不代表黑川就是日本建筑师中最好的，也不代表他的设计没有任何问题。

我们都知道黑川有个意图是用灰空间来反对西方非黑即白的逻辑（图 10，图 11）。但在我们的使用中这个意思很快没有了。如果把和灰空间相关的文化和传统的意味都去掉，在空间

10

11

10. 埼玉县立近代美术馆（黑川纪章）
11. 埼玉县立近代美术馆细部

层面上和日常经验上，灰空间就是指过渡空间、廊下空间。这个词目前在中国就是这样的用法。因此"灰空间"是个修辞用法，用一个绕了弯子的方式来表达一个简单的现象。

很显然，从表达的效率上讲，直接说"过渡空间"或者"廊下空间"更好。之所以这种绕弯子的说法会被建筑学专业的大多数人接受，成为大家约定俗成的通用话语，可能原因并不复杂。与大多流行性的修饰语一样，它使说话者显得更有文化，"更专业"。同时也传达出了建筑师的潜意识：别把我们当成修鞋匠，我们是有教养的专业人士。

在我看来，"灰空间"流行起来这个现象证明了媒体的强大影响力，也说明传播具有很强的偶然性。这比对灰空间本身的分析更有意义。

完成度

"完成度"是最近 10 年的新词，而且好像只在中国流行。

字面上看，完成度这个说法有些奇怪。难道是有些房子盖完了有些没盖完，所以有完成了百分之多少的程度之分，简称完成度？实际上我们都知道，完成度是指房子盖得好不好，施工质量够不够高。够高，则完成度高；不够高，则完成度低。除此之外，我们知道它还有一个更重要的意思，在中国的语境下指是不是按建筑师的设计完成了。

跟"灰空间"一样，"完成度"的用法呈现了这个词直接表达的意思之外的一些问题。"完成度"显示了中国建筑实践的一个不正常状态，本来理所当然应该是这样的：甲方按乙方的图纸施工，相互之间按合同契约办事，在中国常常做不到，所以有"完成度"之说。

* 写于 2014 年。

建筑设计的版权与侵权

2001 年我在鹿特丹上学的时候，和几个同学合租一套公寓。有一天住我隔壁的南斯拉夫同学拿了一个库哈斯设计的鹿特丹美术馆的模型回来。我有点奇怪，这个建筑已经盖起来好几年了，他的模型看上去很大很精致，不像是教学研究用的。我问他为什么要做这个模型，他说是打官司用。原来那时候有个英国建筑师到法院起诉库哈斯，说库哈斯及其大都会事务所(OMA)设计的鹿特丹美术馆方案是抄袭他本人之前的某个方案。我同学做的这个模型就是给库哈斯和他的公司在法庭上应诉和讲解用的。这是我第一次亲眼看见有人为了建筑侵权的事打官司。

去年我在建筑刊物 *San Rocco* 上看到一篇法布里齐奥·加兰蒂（Fabrizio Gallanti）写的关于建筑版权的文章《难以把握的对话：最近的建筑侵权事件》(Slippery Dialogues: Recent Copyright Infringement in Architecture，以下简称《侵权事件》)，也讲了这个案件。最后的结果是法庭判库哈斯胜诉。提起诉讼的加雷思·皮尔斯（Gareth Pearce）曾经是库哈斯的雇员，在 OMA 伦敦事务所做模型。他 1970 年代在伦敦的建筑联盟学院读书，差不多同一个时候库哈斯也在那里教书。在校期间他曾经设计过一个法院，做过公开的方案介绍。他说库哈斯那个时候见过这个方案，然后在十几年后设计鹿特丹美术馆的时候抄袭了他的想法。法官调查了前因后果，认为加雷思·皮尔斯的说法完全是毫无事实根据的臆想。这场官司库哈斯虽然赢了，可是受到了很大伤害，他事后说这简直就是一场噩梦。

　　大约也是在 2000 年前后，我还听说过著名建筑师里伯斯金（Daniel Libeskind）指责澳大利亚的一个事务所抄袭他的柏林犹太人大屠杀纪念馆。打没打官司就不知道了。我当时的想法是你都这么有名了，还在乎别人模仿一下你的方案，也太小气了吧！就算别人真的抄你的东西了，那也是觉得你的设计好，看得起你呀！我估计很多人跟我的感觉差不多。

　　建筑设计是个很特殊的行业，传统上是没有版权和侵权的说法的。在西方的职业体系中甚至可以说是鼓励模仿的，而模仿和抄袭之间的差别又很难界定。伯拉孟特和帕拉第奥之所以伟大，是因为他们有众多的追随者和效仿者，也可以说是他们的想法和建筑的抄袭者。同样我们也不会指责那些模仿勒·柯布西耶的建筑师是卑鄙的抄袭者。被模仿是一个建筑师被社会认可的很重要的标志。

　　在建筑行业中立法保护版权是很晚的事。在欧美发达国家，建筑版权被划为一般知识产权的范畴。《侵权事件》的作者法布里齐奥·加兰蒂在文章里列出了几个国家颁布建筑版权保护法律的时间和要点。1988 年英国颁布版权法案（Copyright Act），规定设计图纸和建筑都算作建筑创作的一部分，版权受法律保护。美国在 1990 年以名为"建筑作品版权保护法案"（Architectural Works Copyright Protection Act）的版权修正案形式对建筑设计版权进行保护，并规定了保护内容包括"一般图纸和蓝图、方案平面、剖面、立面、楼层规划图、构造图、研究模型、工作模型、表现模型、有配景的建筑照片拼贴、计算机生成的建筑图像以及建成的建筑物"。法国在 1992 年也通过了包括建筑在内的版权保护法。法国的法律还规定，如果拍摄已建成的建筑照片用于商业用途或者在建筑中拍摄电影、电视，都要付费给设计师。

　　当然，版权保护是有期限的，所有版权保护都只针对法案颁布之后的新建筑。另外美国和法国的法案都规定，保护只针对原创性的艺术特征而不是设计中的功能元素（functional elements）。这一点显示了建筑设计行业与其他一般艺术和科技行业的不同之处。我的理解是建筑版权保护主要或者只针对建筑形式也就是我们常说的"造型"，而不包括建筑设计中规定的如何使用空间，还有一些已经有的普遍使用的功能元素和设备，比如窗户、楼梯、电梯，等等。法布里齐奥·加兰蒂分析说，这是因为建筑设计中包含了"艺术性"也就是创造性的内容，如黑格尔指出的"这部分内容创造了建筑中超越于一般的物质材料和建造之上的精神价值和象征意义"，正是这一点体现了创造的独特性，也构成了建筑版权的主要内容。但这一点恰恰无法定量分析，也很难定义。区分创造性的特征与功能性元素也是个很麻烦的事情。美国和法国都规定，关于一个建筑设计中什么是创造性的部分、什么是功能性的部分，留给法官决定。

法布里齐奥·加兰蒂在文章中提到了欧美颁布版权法案之后几起非常著名的建筑侵权事件。

1996 年，热那亚建筑师格拉齐亚·雷佩托（Grazia Repetto）起诉伦佐·皮阿诺的关西机场国际竞赛中标并实施的方案剽窃了她在 1970 年做的一个机场方案，具体表现在波浪形的屋顶形状等几个地方。最后法院裁定雷佩托的指控没有根据。几年以后，雷佩托女士成了另一场官司的被告。这次她被控对两个老年人业主欺诈，收了不该收的费用，其中包括一些根本没实施的建筑。

2000 年哈卜林斯基与马尼恩（Hablinski + Manion）建筑事务所起诉前雇员迈赫兰·沙赫韦尔迪（Mehran Shahverdi）剽窃了他们在洛杉矶比佛利山设计建造的一栋托斯卡纳风格的别墅。迈赫兰·沙赫韦尔迪设计了一栋几乎一样的别墅，也建在同一个地方。他为自己辩护说托斯卡纳风格又不是属于某个人的，为什么别人做了他就不能做？在这个案子里法官只好去对照两个建筑的设计图，比对之后发现平面和剖面几乎一模一样。巧合的是迈赫兰·沙赫韦尔迪设计的别墅的业主正是之前哈卜林斯基与马尼恩建筑事务所设计的别墅的建造商，这简直是不打自招。最后法院判哈卜林斯基与马尼恩建筑事务所胜诉，由沙赫韦尔迪向其支付 600 万美元赔偿金。

2005 年美国建筑师托马斯·夏因（Thomas Shine）控告 SOM 事务所建筑师戴维·蔡尔兹（David Childs）抄袭并胜诉。戴维·蔡尔兹设计的纽约世贸中心遗址自由塔方案与托马斯·夏因 1999 年在耶鲁大学上学期间做的一个课程设计方案十分相似，戴维·蔡尔兹正是那次课程设计的评图老师之一。可是这个事情也很复杂。著名建筑师迈耶为戴维·蔡尔兹辩护说，托马斯·夏因的课程设计方案所采用的建造方式又恰恰是 SOM 事务所早些时候发明的，那么能不能说他也在抄袭？

另外，我们都知道在两三年前，中国著名的开发商潘石屹指控重庆的一位建筑师抄袭他开发建设的由国际著名女建筑师扎哈·哈迪德设计的北京朝外 SOHO。从外表看上去，两个设计确实有很多共同之处。这个事情在媒体和网络上炒得沸沸扬扬。最后是否对簿公堂，结果又如何就不清楚了。如果在欧美国家打官司，十有八九会判定为抄袭成立。

在上面几个例子中，相信多数人会认为哈卜林斯基与马尼恩诉迈赫兰·沙赫韦尔迪案绝对属于侵权。沙赫韦尔迪把别人手里的图纸直接拿来施工了，如果经过设计人许可，这种做法叫复用图纸或者套图，是必须要付费的。如果既不告知也未经设计者许可就拿去用，就是偷盗行为。但这么分析一下，这件事似乎跟版权著作权什么的也没太大关系，就是盗窃别人的劳动成果和物品，跟小偷偷别人的手机、项链什么的差别不大。

版权是与现代商业和科技发展相关和配套的法律和社会意识，是单一技术逻辑的产物。建筑学的价值判断和实践伦理恰恰不是单一标准的。在现代，主要用在科学技术发明创造上的版权概念在建筑中常常让人觉得勉强，因此建筑版权概念的合理性并非没有疑问。建筑形式的模仿和复制还常常具有文化和社会规范的强制性。在古代和近代以及非西方文化传统的地区比如中国，这个情况很明显。用现代人的眼光看，中国人两千年都在盖同样形式的房子，而且必须这样盖，完全没有抄袭不抄袭的说法。事实上就版权概念本身也有不同理解。法布里齐奥·加兰蒂介绍说，莱特基金会就把版权认同为创作的权威性，认为拥有版权就意味着业主必须不折不扣按照设计者制定的建筑方案实施，也就是用来约束甲乙方的权利关系，而不是像我们现在认为的版权是用来防止和惩罚其他设计师模仿抄袭。

在建筑行业里近些年最新的剽窃根本不是建筑方案的剽窃，而是盗用别人公司的名字来承接设计项目，在这上面中国又独领风骚创造了新纪录。法布里齐奥·加兰蒂说近几年有中国建筑师冒名顶替某些知名国际公司，制作假网站和假的电子邮箱糊弄业主，使他们以为是在与著名建筑公司打交道，骗取业主的信任和设计项目委托。盗用公司名相当于盗用他人身份，这肯定是建筑知识产权遭侵犯的最高级形式了。

* 写于 2014 年。

访谈

短长书
朱亦民十问赫尔曼·赫茨伯格

赫尔曼·赫茨伯格（Herman Hertzberger），被认为是荷兰建筑界最具影响力的人物之一。他曾设计过大量居住及教学建筑，曾担任《论坛》杂志的编辑，是贝尔拉格建筑学院的创始人及第一任院长。

赫尔曼·赫茨伯格
（Herman Hertzberger）

Z：你在 26 岁时赢得了一个竞赛并把它建了起来，这是你作为建筑师职业生涯的开始。这并不是一个特别的例子，那个时候你的同辈人当中有许多都在职业生涯的早期建造了他们的第一个作品，比如说佩特·布罗姆（Piet Blom）在学生时期就赢得了一个项目并建成了它。可否请你更多介绍一下 1960 年代早期建筑界的情况？首先你是什么时候第一次见到阿尔多·凡·艾克（Aldo van Eyck）的？

H：在经历了 1960 年代早期一段只讲数量的建设时期之后，我被阿尔多·凡·艾克邀请加入《论坛》杂志的编委会，这本杂志成为一个无出其右的批评平台。这个圈子成为我大学之后继续建筑思考的起点。

Z：大家都知道在 1960 年代，凡·艾克与代尔夫特理工大学的一些老师如卡雷尔·韦伯有过争执。他们之间主要的分歧在什么地方？能否描述一下你和凡·艾克及其他《论坛》的同道一起工作的岁月？

H：卡雷尔·韦伯直到 1970 年代才出现，他代表了轻视建筑的作用的那一派，那种精确又或许有些隐晦的方式是来自于我们的想法。那时韦伯的信条"城市是第一位的"，与凡·艾克关注特定形式的结构的想法产生矛盾。凡·艾克认为建筑和城市是一根棍子的两端，在逃离了凡·艾克的影响之后，实际上我们后来意识到韦伯更接近我对结构和填充物之间所做的结构性的区分。

Z：1960 年代激进文化对你有何影响？你参加过什么激进运动吗？

H：1960 年代激进运动曾经是令人激动、充满活力的，但我的方法较少是政治性的，而更多关于人类学。

Z：就我们所知，有几个对荷兰结构主义来说是灵感来源的设计：勒·柯布西耶的威尼斯医院、路易·康的理查德医学研究楼、史密森夫妇的城市改造方案以及日本新陈代谢派的作品。你个人认为哪一个是影响最大的？

H：现在应该要把关注结构配置的方法和结构性的思考区分开。它们可能初看上去很相像，但实际彼此相反。如果我曾受到过什么影响的话，肯定是日本新陈代谢派和康，而不是佩特·布罗姆。勒·柯布西耶的威尼斯医院受到了佩特·布罗姆方案的影响，布罗姆的方案在十次小组的罗那蒙特会议上展出过。

Z：在 1967 年你只有 35 岁时开始了毕希尔中心办公楼的设计。你是如何得到这个项目委托的？业主从一开始就支持你的想法吗？

H：我的业主只是对周围那些平庸乏味的办公楼感到厌倦了，他只想要些不一样的东西，自然转向了更年轻的一代。我向他展示的想法和他的原则——仅仅是组织方式上的——很一致。

Z：你是少有的几个在 1980 年代坚持不懈地反对后现代主义潮流的建筑师，为此你曾遭到查尔斯·詹克斯的攻击。但我们仍能看到你的一些介于后现代主义的语义学和结构主义之间的相似想法。是什么驱使你反对这场后现代的狂热浪潮？

H：作为一个现代主义者，我厌恶那种愚蠢的向后看的想法。除了很少几个让人遗憾的例外，我一直站在现代主义这一边。这就意味着对一种语言的信仰，这种语言表达了民主、技术进步，当然还有空间的概念。

Z：阿尔多·凡·艾克的理论产生自一种反现代主义的观点，他尤其反对现代主义的功能主义的教条和城市规划的策略。他认为现代主义的理念使城市的重建走向了死胡同，制造了一种不人道和无法居住的环境。因此他建议用"意义"（meaning）和"场所"（place）的概念，来代替"空间"这个奠定了现代主义建筑理论和实践的基础的概念。作为凡·艾克最早的追随者和合作者之一，你看起来持相反的观点，正如你在《空间与建筑师》这本书中所表现的，你坚持一种以空间概念为基础的认识论。你认为这是你和凡·艾克之间不一致的地方吗？你怎么解读它？

H：你是对的。我在对他的理念保持尊敬的同时慢慢脱离了他，去找我自己的路。我对新的影响持开放的态度，而不是仅仅强调"场所"这一概念。我认为"空间"和"地方"是一个辩证的平衡的两极。

Z：很明显雷姆·库哈斯已经成为世界上最有影响力的建筑师和最流行的建筑明星。在他的 *S,M,L,XL* 一书中，他批评结构主义的方法，说这样的一种操作导致了城市里的建筑的趋同——"从赫尔曼·赫茨伯格受到喝彩的、分成了小的单元结构的毕希尔中心办公楼开始，这种模式已经枯竭和瓦解到了极端衰弱的地步，它要为它所引发的可识别性的极端混乱负责。今天的孤儿院、宿舍、住宅、办公楼、监狱、百货商店和音乐厅看上去都是一样的。"[1] 你怎么回应这一批评？你又如何评价他的城市理论和建筑实践的策略？

H：雷姆的"反应"是很典型的（如果不说是通常的话）下一代人对之前一代人的反应。实际上他在一次我们之间的聊天当中承认他并不反对毕希尔办公楼，而是反对模仿它的那些建筑。顺便说一句，和他的"噩梦"不同，这些建筑其实在数量上是非常有限的。

注释 简单地说，我的方法是"设计强而有力／持久的结构，吸引／容纳时空中的多样性"，这和他可能希望是那个样子的信条相去并不远。

1. S,M,L,XL,1995: 287

实际上不管他喜欢还是不喜欢，雷姆对比他年轻的一代的影响正在变成另一个错觉和花招，比如超大尺度的悬挑、斜的柱子等诸如此类的东西。我们拭目以待下一代人。

Z：你怎么看待从维尔·阿雷兹、MVRDV 到 NL 建筑师事务所等更年轻一代人的作品？当前荷兰建筑中潜在的主要危机是什么？

H：如果能降低业主去搞他们所认为的实验的欲望，现在的荷兰建筑就没有什么（潜在的）危机。你所提及的"年轻人"仍在搞漂亮的房子，只是城市空间仅仅成了一块舞台布景，注意力被放在松散、相互没有联系并只考虑它们自己的物体上。

Z：贝尔拉格学院成立之初遇到了柏林墙倒塌之后的急剧变化。你作为贝尔拉格学院的创办者和第一任院长目睹了所谓由"左"向"右"的转向。你怎么看待资本主义全球化的后果和 1990 年代它对建筑和教育的影响？

H：自我离开了贝尔拉格学院以后，一种"互联网后现代主义"占据了统治地位。它导致了快（餐）式的建筑，奇怪的是它还很可以吃，就是说它很好看但缺乏任何意义，金玉其外，败絮其中。我不害怕全球化，而是害怕"有内容的形式"被"徒有其表的形式"所代替。另一方面，我现在陷入一种对提供较好学习条件的学校的强烈渴望甚至是饥渴当中。这样的学校不是仅仅装备了教室，而更多是基于计算机辅助的更为个人化的教育。未来学校的空间条件涉及建筑的意义，而这正是我要尝试并加以实践的东西。我正在准备的新书是关于这方面问题的。当然，学校是唯一还没有被商业利益所侵蚀的建筑。

* 原文首次发表于《世界建筑》2005 年 07 期。

惑与不惑
《设计家》访华南理工大学建筑系副教授朱亦民

自我对现实的让步

《设计家》：请谈谈您少年时代的经历，当初为什么会选择学建筑？

朱亦民：我其实挺盲目的。在大概六七岁的时候学过一段时间的美术，之后没有坚持下去，只是稍微有些基础而已。

《设计家》：很多建筑师都有这样的情况。您后来选择建筑专业是因为曾学过美术的缘故吗？

朱亦民：这之间有些关系，但考大学的时候我并没有一定要学建筑。高考结束之后，我父母咨询一位在西安冶金建筑学院当老师的邻居，他比较熟悉情况，就告诉我这个专业跟美术有关系，而且西冶的这个专业确实也不错。我是在1983年上的大学，当时建筑学虽然没有现在这么热，但在业内大家还是知道建筑比工民建那些专业要有意思，在这种情况下我选择了建筑学。

《设计家》：您对当时的教育感触最深的是什么？

朱亦民：那个时候大家都还充满理想主义。因为刚刚改革开放，接触外界没多久，整个社会还处在一个启蒙阶段，思想很自由也很活跃，不像现在的学校完全体制化，对学生束缚得很紧。现在回过头去看，1980年代那些文化精英、那些轰动一时的作家大多是激情大过自己的思想水平，有说话的空间和激情但对问题的认识深度远远不够。

《设计家》：您说得非常对，当时激情大过思想，但有时候激情是能够感染人的，所以那个时候文学比较有号召力。您毕业以后就直接被分配到洛阳工作的吗？

朱亦民：是的，我直接被分回到洛阳有色金属加工设计研究院。最初它是直属于冶金部的一个很大的国营设计院，有1 300多人，跟我们学校是对口单位。在1980年代初，冶金部和有色金属总公司分离成为两个部委，洛阳的有色院就变成有色总公司的直属设计院了，但基本上还是一个大的系统。我就被分回了这里。

《设计家》：按照您的性格，在这样的单位会不会觉得有些不适应？

朱亦民：肯定有些不适应。单位里大多都是老同志，年轻人比较少，我进去了以后就是画施工图。整个环境还处在国有体制下的计划经济中，个人的发挥余地很小。我虽然对纯粹事务性的工作不大感兴趣，但是考虑到在中国做建筑师如果对设计院的体制不了解、不会画施工图也是很麻烦的一件事情，所以就打算先在这里做，过几年再考研离开或是出国都可以。我没有住设计院分配的宿舍，跟其他人也很少沟通，基本上就是自己看书。当时项目也不是特别多，还都是国家分配的，所以整体上是循规蹈矩地在进行。所有关系到个人自由的东西都被压缩了，或者说相当于个人把它让渡出去了，因为国家包办了你的一切。你虽然有不能自由选择工作的烦恼，但决不会有找不到工作的痛苦。

当时的大多数人包括我的父母，并不因为不能做自己想做的事情而痛苦。在他们的意识中，国家和个人的利益是一致的，对个人利益和个人自由也没有很强的诉求。但同时，随着改革开放，个人的主体意识、权利意识随着市场经济的建立在复苏。改革开放最早就是人的解放，从这个意义上来说它跟欧洲的启蒙运动是一致的。反过来，只有经济发展才能将人从传统的束缚以及对自然的依赖上面解放出来，然后才谈得上个人自由的发展，我觉得当时就是这样一个过程。我其实是属于看问题比较悲观的那一类人，总是对不好的东西特别敏感，所以很明白自己在学校里学的那些东西是不可能完全施展出来的。但我跟周围那些老同志、跟同事也没有冲突，实际上是处在一个克制和压抑自己的状态。

《设计家》：当时有没有自己设计过房子？

朱亦民：设计过，我在 1990 年的时候参加过一个投标。当时是洛阳市建筑协会组织的一个青年建筑师的竞赛，把洛阳市新建的火车站的钟塔单独拿出来搞竞赛，我的方案得了一等奖。过了两年大概是在 1992 年左右就盖起来了。现在那个钟塔还在，每次从火车站经过还能看见。我觉得当时的竞赛相对比较公平，大家没有太多的利益考虑。我的设计也谈不上有什么想法，那时才二十二三岁。他们选中那个方案可能是因为我做的设计在参加竞赛的方案里面是比较能和火车站主体协调的一个。

1. 建川博物馆"文革"生活用品馆，2003—2007
2. 洛阳高新区火炬大厦，2004—2007

主义背后的思考

《设计家》：您在学校里面有没有受到一些建筑流派的影响？如果按流派、主义来划分的话，您的建筑主张应该划分到哪边？

朱亦民：那个时候我读了很多书，感觉总体上受的是美国式的后现代主义的影响。大学时期我的偶像是矶崎新和汉斯·霍莱恩（Hans Hollein）。在 1980 年代的时候，查尔斯·詹克斯出过一本书叫作《后现代建筑语言》，在国内影响很大，还有像文丘里、格雷夫斯这些人都是那时的明星建筑师。我觉得当时"后现代"在国内引起这么大的反响跟国内改革开放之初追求个性、自由的表达之间有一种呼应。但现在回过头去看，1980年代国内无论理论界还是建筑师都并不了解后现代在西方社会有着怎样的意义，不清楚在西方语境下后现代的思想价值、出发点，以及它跟社会的关系是什么。当时西方已经经过1960年代、1970年代激烈的社会、文化变革，传统金字塔形的权力结构完全解体，整个社会处在一种高度平面化、离散化的状态。如后现代理论所声称的那样，西方的宏大叙事已经结束了。而中国改革开放的宏大叙事才刚刚拉开序幕。我敢说那时的中国建筑界没有人能认识到这一点。没有对这种根本差异的认识，也就谈不上对后现代建筑的完整理解，也就只能仅仅是把后现代当作一种求新求变的艺术语言，一种建筑风格。

　　另一方面，过了这么多年回过头去看，很明显，西方的文化产品也出产垃圾，尤其是美国式的明星体制，十足愚蠢。今天的学生谁还知道罗伯特·斯特恩是谁？谁还记得斯特林设计的那些道貌岸然的假古董？很遗憾，就我现在所见，中国的建筑界未见得比那时高明多少。他们仍然在跟着明星的屁股后面打转，忙着对大师们的华丽词藻做出解释。不同的是我们现在更有钱了。

　　1980年代中后期我才20岁出头，谈不上有什么思想和建筑主张。回想起来，那时对我个人影响最大的不是建筑而是电影。记得大学时看过一个西班牙电影展，很让我激动，也许那时年龄尚小，我的感觉是这个世界上还是有一些美的东西值得人一辈子为之奋斗的。这个刺激如此之深，以至我现在还清楚记得那几部电影的名字。后来我还曾经跑到电影院看了三遍法国新浪潮导演特吕弗的《最后一班地铁》。

　　《设计家》：我们看到很多1980年代开始上大学的建筑师往往还对现代主义比较推崇。

　　朱亦民：我觉得这是后来的一个转向。你知道在中国，建筑设计和其他行业一样，很受国外潮流的影响。在1980年代的时候，年轻建筑师基本上都对后现代主义抱有同情，把它当作新的艺术语言进行模仿。但在实践中却发现，这种代表所谓个性的东西无从施展，国家和社会不需要，业主也没有这种意识，周围的生产体制也不支持，因为政府对社会、经济生活的垄断并没有改变，个人空间没有形成，这种有悖于主流意识形态及其钦定艺术语言的话语必然不被认可。除了在某些需要用后现代理论为民族形式开道的场合，"后现代"在中国并不是一个显性的表现或者主流。

情况发生改变是在 1992 年邓小平南巡之后，中国开始全面市场化改革。私营业主的大量涌现、私人投资领域的增长给建筑师带来了极大的创作自由和表现空间。但这个时候后现代主义已经从建筑舞台上销声匿迹了。

1980 年代末 1990 年代初对东、西方来说都是一个剧变的时代。社会领域的变化毋庸赘言，在建筑中 1980 年代末期先是解构主义登台，随后出现了向现代主义的回归。这种潮流的变化给了中国建筑师很大的影响。具体说来，1990 年代中期给我印象很深的一些建筑师，比如赫尔佐格和德梅隆（Herzog & De Meuron），他们当时的作品非常好，而他们表现出的是讲究构造和材料的瑞士背景下的现代主义。在 1991 年、1992 年的时候，荷兰的建筑师也提出来讲现代建筑是没有教条的。还有非常著名的意大利 *Domus* 杂志，曾在那个时期和中国建筑工业出版社联合每年出一两期中文版，它实际上在西方文化、建筑思潮的反思中起了一个非常重要的带头作用。当时 *Domus* 杂志比较青睐的一些年轻建筑师像赫尔佐格和德梅隆、英国的大卫·奇普菲尔德等一批人影响力都比较大。

现在中国的南京大学建筑学院和东南大学的一些建筑学者和建筑师也都是受到这股思潮的影响。

《设计家》：他们当中很多人曾在瑞士的苏黎士高工（ETH）学习过。

朱亦民：对，他们都受瑞士的影响。瑞士实际上是现代主义的一个大本营。确切地说，欧洲有很多建筑师从来没受过后现代主义的影响，现代主义在很多地方从来没有中断过。只不过主流媒体在那个时期形成了从1980年代讲究装饰、符号、隐喻，向流行文化看齐的后现代古典主义向现代主义的回归。这对中国的建筑师肯定也是有影响的。具体到个人，我认为张永和是一个很关键的人物。他一直待在国外，虽然在美国学习，他的老师却都是欧洲人，对这些事情从一开始就看得比较清楚。

对我来说比较幸运的是很早就开始与张永和交往并跟他学习。1990年我请他参与设计了洛阳的一个幼儿园，这也是他在国内做的第一个建筑。后来他对国内的年轻建筑师的影响非常大，现在美国的建筑杂志称他为中国前卫建筑师的"教父"。

《设计家》：您当时是怎么注意到他的呢？

朱亦民：他在1986年的时候参加日本《新建筑》的住宅竞赛获得了第一名。当时我们在学校，很注意国外杂志的动向，看到这个方案，觉得这个人有料，很厉害。后来再看到他在国内写的一些东西，觉得确实很有道理，所以就一直对他有比较深的印象。当然那个时候张永和只在年轻建筑师和学生当中有一定知名度，完全是非主流人物。

《设计家》：现在是主流吗？

朱亦民：我觉得从现在这个状态来说，他已经比较主流了。

表面上看，张永和不在官方的话语系统里，他很难分享国家把持的资源，跟国内大学系统、国营设计院及其评价体系比如大师、院士没有任何关系。但是现在的社会中，市场和商业体系的力量已经占有相当的份额，民间的声音也越来越强大，虽然国家的垄断主导地位还没有根本改变，但总的趋势是政府退出社会生活主导者的角色，把权力交还给非政府机构和人群，因此他在学术系统的地位和潜在的社会影响力不应被低估。另外，官方体系的运作也越来越离不开市场的力量和非官方话语系统的支持，有时候官方的意识形态和商业操作是合二为一的共谋关系，比如北京奥运会就是一个典型的案例。在一些代表了国家形象的工程中，张永和们有着不容小觑的影响力。像中央电视台、鸟巢、国家大剧院这样的政府工程的设计语言无一例外来自专业系统的流行话语。

只是在我看来，这种主流地位对张永和来说未必完全是一件好事。

3-5. 艺术家工作室，2004

解惑之后的困惑

《设计家》：您后来是怎么想到要出国念书的？

朱亦民：这也跟张永和的影响分不开。他其实是反对我出去的，但是我对西方当代建筑的兴趣非常大，我觉得有很多东西是在国内了解不到的：西方建筑所表现出来的形态、方式的渊源何在？这对于我来说是一个谜。从国内的讨论当中，包括书籍、文章里都看不到这些。另外，我不能接受自己作为一个建筑师却不知道对我们来说很关键的一些东西，我不能对专业基础中已经出现了空白的事实置之不理。对我来说做设计必须在一个很清醒的状态下去完成，要明确自己的历史和现实的坐标，而所有这些我认为只有出去才能看得到、拿得到。

《设计家》：张永和当时为什么反对你出国呢？

朱亦民：当时他觉得国内的实践形势非常好，有很多做设计的机会，他觉得我做的设计已经非常好了，没有必要出国去学建筑。更何况在国外没有做建筑的机会，这种反差在他看来太大了。当然我后来还是出去了。

其实原本我是想去美国的。在 1990 年代，中国学生除了美国几乎没有别的选择，主要是因为语言问题。但因为签证被拒，后来我就转到荷兰的贝尔拉格学院。这也跟张永和有关系。有一次我看到一本杂志，其中有贝尔拉格学院院长的作品，就在跟张永和的闲聊中说我喜欢这个荷兰建筑师的作品，他就说你可以去贝尔拉格学院啊，而且他说这个学校是英语教学，对我来说也没有语言障碍，我听了也觉得挺好。其实我们建筑师都有一点这种情结，觉得欧洲的东西好像更正宗一些。

《设计家》：有人说中国的现代建筑之所以落后，和中国的第一代现代建筑师多数是去美国留学有关，如果是去了欧洲，情况会好很多。

朱亦民：这一点我基本同意。由于历史渊源，中国和美国之间有一种特殊密切的关系。但在建筑界还没有对美国文化的特殊性有一个总体认知。美国实际上是一个非常独特的国家。作为欧洲的殖民地和新大陆，美国人拥有天然的个人自由，同时也天然地缺乏历史意识。美国的建筑文化有非常深的民粹主义传统，排斥任何历史意识，把技术当作建筑实践的唯一参数，把所有的东西都变成纯粹的形式问题。由于其特殊性，这些在美国也许都不是问题，但对中国这样一个历史悠久的国家，采取相同的立场和方法一定是一个非常大的问题。但是这种影响到现在都没法克服。

《设计家》：您觉得荷兰这段学习经历对您有怎样的影响？

朱亦民：影响非常大。我去的时候已经 32 岁了，本来以为不会有什么大的改变了，但其实不然。当时是 2000 年前后，是这个学校最活跃的时期之一，荷兰建筑还没有出现问题。它出现问题是在 2001 年"9·11"之后，在这之前是它内部最活跃的时期。当时贝尔拉格学院聚集了包括库哈斯在内的一批人，很多知名建筑师都到那里去演讲、带课，但是已经开始有争论了。其实库哈斯的那些东西很多人是觉得有问题的，但那时候他又是最知名的建筑师，是一个有话语霸权的人物。他就代表荷兰建筑。他是贝尔拉格学院学术委员会的成员，对学院有很大影响。在荷兰学习期间，我们天天面对着库哈斯的那套理论。但我并不认同他的那套新自由主义的城市观念和设计方法。在贝尔拉格的第一年我是跟着赫尔曼·赫茨伯格老先生，贝尔拉格学院就是他创办的。赫茨伯格是荷兰结构主义学派的创始人之一，也是荷兰建筑师当中著名的左派，对整个资本主义制度和自由市场经济持极端怀疑和批判的态度。第二年在他退休以后，我转到另外一位老先生伊里亚·曾格利斯那里。他是希腊人，一个知识渊博的学者，也是库哈斯以前的导师兼同事，曾是 OMA 的创始人之一。库哈斯不太看重意识形态，这方面他有点像典型的荷兰人，倾向实用主义或者说机会主义。我的两个导师跟他不一样，总的来讲他们俩给我的影响比较大。

《设计家》：您当时出去主要的一个动力就是想搞清楚西方建筑的来龙去脉，您觉得搞清楚了么？

朱亦民：搞清楚了，我解决了困惑过我的一个很大的问题。我也确实很幸运，在正确的时间处在一个正确的位置上。贝尔拉格学院由于它前面十年的经营，形成了一个世界建筑讨论的平台。在这段特殊的时间，有很多以前只在书上看到的人物就坐在旁边带我做设计，可以跟他们做私人的交流，这就比看书快。看书的话可能需要更多的揣摩。另外这个时期的声音是很多元化的，有很多激烈的争论。总之我解决了一个在一般情况下不可能在短短两年时间就解决的问题，确实是幸运的。

《设计家》：当时您对建筑有什么主张？

朱亦民：其实我一直到毕业的时候都不是特别清楚到底什么是对的，但是我特别清楚什么东西是我不要的。

《设计家》：您觉得您"不要"什么？

朱亦民：我回来以后看到库哈斯已经成为国内的主流了。这个我在回国前帮他的公司做中央电视台竞赛的时候就很明显地感觉到了。不幸的是这种全盘接受基本上建立在历史意识和常识判断缺失的前提下。因为我对 1980 年代后现代主义的喧嚣记忆犹新，这个情况让我很泄气，好像经过这么多年我们没有什么进步，还在原地兜圈子。很多情况下对于国外的设计我们

6. 益阳阳光青年城，2007
7、8. 沈阳汽车学校食堂，2007

229

拿来的仍然只是一个形式，至于这个形式跟我们的现实如何对接，以及它从西方的土壤移植过来后其意义的变化，这些问题完全没有人考虑，大家想的是尽快把它制作出来。建筑设计媒体化、娱乐化，实践很多但缺乏反思。在中国，库哈斯已经把思想上的障碍扫清了，我们只要跟着他狂欢、庆祝就可以了。我觉得这是很盲目、很危险的一种状态。因为库哈斯的很多理论，在他的那个语境下面，有他的观点和对话的基础，他在批判什么，他在跟谁抗争，是有前提的。但是到中国以后，这些基础都没有了，库哈斯怎么做都可以。

《设计家》：就是畅通无阻，所向披靡。

朱亦民：对。建筑师在中国要做大项目，你要投标，你要博取国家和业主的欢心，你就只能用这样的一种方式，我觉得是非常糟糕的。西方建筑在"9·11"之后已经开始变化，也许目前的金融危机能促使国内的建筑师进行真正的反省。

我在南大搞讲座的时候曾经说过，不希望将来业主拿库哈斯的东西来找到我说，就把设计做成这样的。这样的话跟业主拿着一个假古董像坡屋顶、西班牙凉廊这些东西来找我没有差别。我特别奇怪的是，有很多所谓前卫建筑师在做设计的时候可以同时用完全相反的设计方法，这在西方是会遭到质疑的，而对中国一些很主流的建筑师来讲这完全不是问题。难道我们的职业、知识体系以及职业技能都没有标准了吗？这种做法难道不是在透支建筑师的社会信用吗？

独立的教学与实践

《设计家》： 您是在什么样的情况下回国的？

朱亦民： 在我毕业后一个多月、做完中央电视台的那个竞赛就回来了。

《设计家》： 当时有没有想过回来做什么？

朱亦民： 我当时就想回来找个学校待着。一来因为觉得自己不适合做大公司，另外我一直都认为在学校里能够保持一定的自由度，当时是这么想的。

《设计家》： 您为何选择了华南理工大学？

朱亦民： 我回来的时候先到深圳，并没有直接去学校。我一回来就做了万科的一个新开发的楼盘的规划，做完后他们觉得不错，就邀请我接着把这个项目做下去。因为这是一个十几万平方米的大项目，当时对我来说还是有一定吸引力的。我就在深圳他们的总部附近和我的一个意大利同学注册了一个公司，叫道格玛，开始做这个项目。后来这个项目也没有做完，在2003年的时候，他们有一个新的政策要把所有的集团项目都拿到设计院去做标准化，我们就退出了。

因为打算待在广东，所以对学校的选择余地并不大。我对华南理工也算有一定了解，这里建筑系的创始人之一夏昌世是中国建筑师里第一个留德回来的博士，之后学校一直都受其思想影响，有德国现代建筑思想的传承。

《设计家》： 您主要教哪些课程？

朱亦民： 我现在给本科生上设计课，给研究生带一门建筑与现代性的理论课。

《设计家》： 您对中国现在的教育有非常多的批判。

朱亦民： 对，我觉得问题非常大。我在给研究生上课的时候讲得比较多，现在大学的制度设置基本上都是不利于学生培养"独立之人格，自由之精神"的。政府干预教育，很多常识性的问题被扭曲了，这也影响到建筑教育。最近艾未未在媒体上批评中国建筑师非常之差，挖苦说他的成功是中国建筑师的不幸，并把问题的根源归结为中国的建筑教育。我认为他说的基本正确，并有一种幸灾乐祸的感觉，因为我不代表建筑界。我倒是希望那些有资格代表建筑界的人出来替建筑师辩解一下，或者驳斥一下艾老师。

《设计家》： 您在教学中会采取什么样的措施？

朱亦民： 只能是尽量地在我力所能及的范围内给同学讲这些东西。分析历史现象，根据具体实例、具体的建筑师进行一些讲解。虽然这个影响范围是有限的，但我认为既然和学生交流，就要把自己觉得正确的东西说出来，给他们进行判断的一个机会，这是最重要的。

《设计家》： 谈谈您的建筑实践吧。

朱亦民： 我有自己的工作室，一直在做东西，平均每年建成一个房子，而且自己基本能够认可这些作品。因为我一直把工作室限定在一个比较小的规模，所以还可以有选择地做一些往往是几千甚至几百平方米的小项目。

《设计家》： 那您现在知道建筑应该是什么样的么？

朱亦民： 如果你指的是一种对未来的正确预见，说实在的我还是不知道，至少不完全知道。只能说我比过去更有一些自信。我完全没有通过建筑实践树立自己的风格这样的想法。我从赫茨伯格那里学到的是建筑师应该有自己的原则和立场，哪怕是不合时宜的，也要坚持下去。没有一劳永逸的能保证你作品正确的方法，建筑师终其一生处在一个宿命的抗争的过程中。你的所有的作品最终会成为你个人的宣言，这也是你作为建筑师的全部意义所在。

《设计家》： 您认为您的教学和实践有什么样的关系？

朱亦民： 我觉得没有直接的关联，我实际上是把这两个分开的。我的工作室相当于一个公司，相对独立地在运作，学术与之关联不大。我不太相信理论联系实际，理论很大程度上提高一个人的修养、洞察力以及看问题的敏感性，但它和设计没太多的直接关系。它最终会影响到设计，但绝对不是在很实际的操作上，所以我觉得这还是两个层面。我对理论还是有些兴趣的，设计实践不能脱离历史的坐标以及对现实的认识，否则就是盲目的、不长久的，我觉得要保持这样一个思考，这是在学校的好处。和学生的交流也是整理自己思想的过程，和很多现象保持一种距离才能交流。

* 原文首次发表于《设计家》杂志 2008 年 11 月号。

建筑师在做什么
有方 vs 朱亦民

有方：最近在做的最有趣的设计项目是什么？

朱亦民：最近在做贵州的一所职业学院，这是一个由二十几栋单体组成的山地建筑群，最大高差有 70m。因此第一个设计原则就是尽可能地贴近地形，处理好建筑与场地的关系，尽可能减少土方量，把原有地形地貌特征转化为建筑空间的一个组成部分。居住在山地的人跟平原地区的人相比，对于山有很不同的感觉。在情感上山是与他们生活血肉相连的一部分，但在实用层面上，山区的人们宁愿把高低起伏的地形全都铲平。因此我们在设计中也费了一些口舌来说服甲方保持和利用现有地形。（图 1—图 3）

1

1. 毕节医学专科学校总图，2013—2017

2. 毕节医学专科学校一号组团，2013—2017
3. 毕节医学专科学校三号组团食堂，2013—2017

在规划上的出发点是把整个校园当成一个小的城市来设计，甚至想象这个建筑群除了学校也可以有别的用途。因此这个校园设计中采用了各种形态的平面，主要是提供多样化的空间样式和丰富的空间体验（图1）。

我们的方案的另一个特点是采用了组团形式（图2）。除了图书馆、办公室和风雨操场等公共设施以外，整个校园由4个组团构成，每个组团包含了教学设施、宿舍和食堂等完整的功能设施。这种布局方式不同于前些年流行的大功能分区的模式，学生不必在教学区和生活区之间大范围地奔波往返。完整的功能组团更像是城市中的一个社区，使学生的活动更方便，容易产生认同感。能实现这个想法多亏了校方的领导非常务实开明。

这个项目从2011年设计竞赛开始，到现在已经有3年时间了。中间由于各种问题有一年时间彻底停顿，后来当地政府又对用地和建筑规模进行了调整。客观上这些变故倒是给了我们设计方足够的时间反思和调整。不利的地方是和大多数这一类公共项目一样,地方政府希望越快建成越好,最终搞成了一个"三边工程"的局面,使得对于施工质量的控制格外麻烦。

有方:最近在做有趣的项目的同时,是否也出于某种原因,做另一些无趣的项目?

朱亦民:是的。有一些项目是一开始有趣,后来就变得无趣了。我觉得没有无趣的项目,只有无趣的人(甲方)。

有方:最近在自己的业务上你觉得最烦的事是什么?

朱亦民:我觉得作为建筑师可能大家的烦恼都大同小异:施工单位没有职业水准,施工质量较差。另外我发现在施工图的设计中各专业之间的配合有不少问题,有些是技术规范和工作流程上的问题,与个人的职业素养无关。中国建筑师的烦恼大多是体制性的。我们在制度上有很多方面还处在计划经济的时代。

有方:最近在集中琢磨什么问题?

朱亦民:在准备写关于英国建筑师史密森夫妇(Peter and Alison Smithson)的论文。这两位是理解现代建筑在 1950 年代之后发生转变的关键人物,我在教学中也一直很关注他们。围绕这个研究课题也对英国的近现代史和二战前后的建筑和文化、社会历史做了一些阅读。史密森夫妇和三件事有关:新粗野主义、独立小组(通俗艺术)和十次小组(Team X)。这三件事都发生在 1950 年代,也都对现代建筑和艺术产生了历史性的影响。他们属于思考型的建筑师,在 1950 年代至 1970 年之间英国建设大发展时期几乎没有建成什么作品,也就和媒体及主流建筑越来越远。不过还是能从他们关于建筑和城市的思想中找到与现今一些方法的联系(图 4)。

4. 史密森夫妇作品:伦敦经济学人大厦

有方:最近读的最有趣的一本书是什么?

朱亦民:最近读的最有趣的书是《江城》,作者是美国人

5.《江城》封面

何伟(Peter Hessler)。可能有很多人听说过何伟。他写过3本关于中国的书，分别是《江城》《甲骨文》和《寻路中国》。《江城》是何伟写的第一本书（图5），但最近这两年才在中国内地出版。这本书是根据他1990年代后期在四川涪陵师范专科学校做外教时的经历写成的。

我是第一次完整地读他的书。老实说最近几年很少有哪本书能像《江城》这样使人产生代入感和好奇心。书中对于涪陵这个长江边上的小城市和生活在这里的人们的描述，让人有一种奇特的、既真实又陌生的感觉，也纠正或者凸显了我们的偏见。从始至终我们也能感觉到作者巨大的同情心。读完这本书后，我有点冲动想去看看现在的涪陵是个什么样子。据说有一些美国人读了这本书后真的就跑到涪陵，按照书中的描写一处处访问何伟待过的地方。

何伟有非常敏锐的观察力和想象力。我觉得他是属于那种很有文字天赋、能把一件在大多数人眼里很平常的事情讲得引人入胜的那一类人。这一类人在哪个国家都有。当然他也利用了自己作为一个外国人的优势，既是生活积极的参与者，又和现实保持有效的距离。可能当一个外国人写作的时候很自然地就有一种叙事的张力。作为中国人，我们的问题是对太多的东西熟视无睹到了麻木的地步。这本书无论是作为文学写作还是生活指南都值得一看。

有方：最近一次旅行去了哪里？

朱亦民：去了新疆的库尔勒。这是我第一次到新疆，看到了不同的山水，对辽阔有了直观的经验。也是第一次看到了沙漠，知道了胡杨林有三种形状的叶子。也许库尔勒是汉族占多数的城市，感觉跟内地没什么两样。走到城市郊区能看到一些维吾尔族和其他少数民族。新疆人的热情也是出乎意料之外。美中不足的是城市中盖了太多的高层建筑。对于新疆这样地域辽阔不缺土地的地方，是不是有可能建一些中低层的住宅呢？看来在新疆，规划和土地政策以及开发模式与内地没什么不同。

有方：最近有没有新发现某位很有趣的建筑师，对你特别有启发？

朱亦民：在这个信息泛滥的时代，可能也很难"新"发现什么人了。我倒是可以说说"再"发现的建筑师。我个人觉得比较有启发的建筑师要算南美比较早的一批现代建筑师。现在比较关注的是巴西建筑师里娜·博·巴尔迪（Lina Bo Bardi）和巴蒂斯·维兰诺瓦·阿蒂加斯（Batista Vilanova Artigas）。1990年代初，在建筑工业出版社和意大利 *Domus* 杂志合作出版的中文版里我看到过博·巴尔迪 1970 年代末设计的圣保罗庞皮亚工厂改造（SESC-Pompeia Factory），印象非常深刻。后来又在一些出版物上看到她设计的圣保罗现代美术馆（图 6，图 7）。博·巴尔迪的设计既有理性主义，又受到意大利的"贫穷建筑"（Poor Architecture）和粗野主义的影响，对南美洲充满活力同时又矛盾而残酷的野蛮现实做出了精彩的阐释和表现。最近这几年国外建筑界对她越来越有兴趣，整理出版了她的作品集。

6

7

6.博·巴尔迪，圣保罗庞皮亚工厂改造（左）与圣保罗现代美术馆（右）
7.博·巴尔迪，圣保罗现代美术馆展厅与剖面（左）博·巴尔迪作品集封面（右）

博·巴尔迪和阿蒂加斯，也许还有德·罗查（Paul Mendes de Rocha）这几位促使我思考公共空间的形态问题，以及建筑空间和艺术性、社会价值之间的关系（图8）。再有就是从他们的实践中你会发现没有精良的工艺和"高级"技术也不是件多了不得的事，施工质量好还是坏和建筑质量根本没关系。

《百年孤独》的作者加西亚·马尔克斯前一阵去世了，在中国的媒体上再一次形成了一个热闹的话题。南美洲的现代文学对中国新时期的文学创作，对莫言、余华这一批作家有巨大的艺术和精神影响力，简直不敢想象没有了马尔克斯、博尔赫斯

8

8.阿蒂加斯，圣保罗大学建筑与规划学院外景（左）与内景（右）

这几个南美巨匠，中国目前的文学创作会是个什么状态。可是南美洲的现代建筑却引不起中国建筑师任何讨论的兴趣，这是个有意思的对比。

有方：最近哪个建筑议题最让你关注？

朱亦民：暂时没有。

有方：最近哪件社会议题最让你关注？

朱亦民：中国政府什么时候开征房产税。

有方：最近除了设计外，花最多精力的活动是什么？

朱亦民：我的家乡洛阳从去年（2013年）开始在对老城区进行大规模拆迁，二、三月份的时候我做了一些调查，写了一个情况说明，联合了同济大学的阮仪三和张松老师、北京建工学院的刘临安老师、华南理工大学的邓其生和冯江老师，共同

签署给建设部的历史文化名城保护处，对洛阳市政府的大拆大建的做法提出反对意见。这件事耗去不少时间和精力。幸运的是洛阳市已经停止了老城区的大规模动迁。前些时候还派人到广州与我们沟通，打算放弃房地产开发，在老城区中结合文化产业进行旧城改造。当然我没觉得这跟我们几个人的努力有直接关系。这个结果是目前大的社会政治形势造成的。2013年之后的新一届中央政府对国家经济、社会和文化发展以及制度建设有完全不同的想法和政策，一些地方政府可能没有完全理解这一点，还在延续之前的做法，当然就会碰钉子。

一开始真没有想到会这么麻烦和耗费时间。我不是研究历史文化建筑保护的，属于管闲事。如果不是同事冯江老师帮助，我可能连这个事情的关键问题在哪儿都说不清楚。阮仪三和邓其生二位老先生尤其热心，给了很多支持和鼓励。阮仪三先生还亲自给建设部的领导写了信，起到很大推动作用。在这件事上，广州和深圳的几位媒体朋友也帮了很大忙。《南方周末》还对这件事做了报道。

* 写于2014年7月。

附录

参考文献

[1] Andrea Branzi. The Hot House. MIT Press, 1984.

[2] Manfredo Tafuri. Architecture and Utopia. The MIT Press, 1979.

[3] William J.R. Curtis. Modern Architecture since 1900. Third Edition. Phaidon Press, 1996.

[4] El Croquis 53+79: OMA/ Rem Koolhaas 1987-1998. 1998.

[5] Rem Koolhaas. Delirious New York. The Monacelli Press, 1994.

[6] OMA, Rem Koolhaas and Rruce Mau. S, M, L, XL. The Monacelli Press, 1995.

[7] Nathaniel Harris. The Life and Works of Dali. Parragon, 1994.

[8] Dirk van den Heuvel and Max Risselada. Team 10 1953-1981: In Search of Utopia. Rotterdam: NAI Publishers, 2005.

[9] Colin Rowe. The Mathematics of the Ideal Villa and Other Essays. The MIT Press, 1999.

[10] Kenneth Frampton. Modern Architecture: A Critical History. Thames & Hudson, 2007:

[11] Wim J. van Heuvel. Structuralism in Dutch Architecture. Uitgeverij 010 Publishers, Rotterdam, 1992:

[12] Eric Mumford. The CIAM Discourse on Urbanism 1928- 1960. The MIT Press, 2000:

[13] Joan Ockman. Architecture Culture 1943-1968. Rizzoli International Publications, 1993:

[14] EL Croquis 85: Wiel Arets 1993-1997. 1997.

图片出处

自序：在思想的迷宫中跋涉

图 1: Michael Graves. buildings and projects 1966-1981. Rizzoli,1981.

图 2: Domus 中文版总第 1 期，中国建筑工业出版社，1989.

图 3: John Hejduk. MASK OF MEDUSA. Rizzoli Intl Pubn, 1985.

图 4: 作者自摄。

图 5: El Croquis 53+79，1998.

图 6: Domus 国际中文版总第 8 期，中国建筑工业出版社，1994.

现代性与地域主义：解读《走向批判的地域主义——抵抗建筑学的六要点》

图 1: Jorn Utzon Houses, P104, Living Architecture Publishing,

图 2: Jorn Utzon Houses, P117, Living Architecture Publishing）

图 3: William Curtis, 1996: 485.

图 4: A+U, 2000 年 10 月临时增刊，Visions of the Real: Ⅱ，P35.

图 5: A+U, 2000 年 3 月临时增刊，Visions of the Real: Ⅰ，P234.

图 6: 同上，P231.

图 7: William Curtis, 1996: 233.

图 8: William Curtis, 1996: 235.

现代建筑形式语言的 5 个基本范型

图 1: Serge Fauchereau. Mondrian: and the neo-plasticist Utopia. New York: Rizzoli, 1994.

图 2: William J.R. Curtis, 1996.

图 3: Joachim Jager. Rudolf Stingel: Neue National Galerie Berlin. Udo Kittelmann, ed. Buchhandlung Walther Konig GmbH & Co. KG. Abt. Verlag, 2010.

图 4: Alan Colquhoun. Modern Architecture. Oxford University Press, 2002.

图 5—图 8: William J.R. Curtis, 1996.

图 9: Yehuda E. Safran. Mies van der Rohe. Gustavo Gili, ed. .Barcelona, 2001.

图 10: Oscar Riera Ojeda. 世界小住宅 2. Edwardo Souto Moura. 余高红，译. 中国建筑工业出版社，2000.

图 11: William J.R. Curtis, 1996.

图 12: Le Corbusier . Le Corbusier Complete Works. Birkhauser VerlagAG, 1995.

图 13: 同上。

图 14: El Croquis 53+79: OMA/ Rem Koolhaas 1987-1998, 1998.

图 15: Alan Colquhoun. Modern Architecture. Oxford University Press, 2002.

图 16: Le Corbusier, 1995.

图 17: Robert McCarter. Louis I Kahn. Phaidon Press, 2005.

图 18: Hilde Heynen. Architecture and Modernity. MIT Press, 1999.

图 19: 同上。

图 20—图 22: William J.R. Curtis, 1996.

图 23: 作者自摄。

图 24:Alberto Ferlenga. Aldo Rossi. Electa. Milan, 1999.

图 25: Rem Koolhaas, 1994.

图 26: 彼特·默里（Peter Marray）著，王贵祥译，《文艺复兴建筑》，中国建工出版社，1999.

图 27: Colin Rowe, The Mathematics of the Ideal Villa and other Essays. The MIT Press, 1999.

图 28: Colin Rowe, The Mathematics of the Ideal Villa and other Essays. The MIT Press, 1999.

图 29—图 33: William J.R. Curtis, 1996.

图 34: 约翰·拉塞尔（John Russell）. 现代艺术的意义, 中国人民大学出版社, 2003.

图 35: Marco Livingstone. Pop Art: A continuing History. Thames & Hudson, 2000.

图 36: 约翰·拉塞尔（John Russell）. 现代艺术的意义, 中国人民大学出版社, 2003.

图 37: Manfredo Tafuri. Architercture and Utopia. LaPenta, Barbara Luigia, trans.. The MIT Press, 1979.

图38: Mark Francis, Hal Foster. Pop. Phaidon Press, 2010.

图 39: Andrea Branzi. The Hot House. The MIT Press, 1984.

图 40: Robert Venturi. Complexity and Contradiction in Architecture. New York: The Museum of Modern Art, 1996.

图 41：William J.R. Curtis, 1996.

图 42：同上。

图 43：Andres Lepik. O. M. Ungers. Hatje Cantz, 2007.

贝尔拉格学院：从蒙台梭利乐园到校园

图 1：作者自摄

图 2：Hunch 第 6、7 期合刊。

图 3：同上。

图 4—图 8：作者自摄

荷兰建筑中的结构主义

图 1：http://codex99.com/design

图 2：Francis Strauven. ALDO VAN EYCK. Architectura & Natura, 1998.

图 3—图 13：Wim J. van Heuvel. Structuralism in Dutch Architecture. Rotterdam: Uitgeverij Publishers, 1992.

转折：十次小组（Team X）与现代建筑的危机

图 1：Eric Mumford. The CIAM Discourse on Urbanism, 1928-1960. The MIT Press, 2000.

图 2：William Curtis, 1996.

图 3：Dirk van den Heuvel and Max Risselada, 2005.

图 4：同上。

图 5：同上。

图 6：Dirk van den Heuvel and Max Risselada, 2005.

图 7：同上。

图 8：[英] 马可·维多图（Vidotto,M.）. 艾莉森＋彼得·史密森. 孙元元，译. 辽宁科学技术出版社，2005.

图 9：Dirk van den Heuvel and Max Risselada, 2005.

通俗建筑、数据设计、作为网络和流动要素的城市：与 MVRDV 有关的几段往事

图 1：Claude Lichtenstein and Thomas Schergenberger. As Found: the Discovery of the Ordinary. Baden: Lars Muller Publishers, 2001.

图2: Judith Collins. Eduardo Paolozzi. Lund Hamphries, 2014.

图 3：Bart Lootsma. Super Dutch. Thames & Hudson, 2000.

图 4：OMA, Rem Koolhaas and Rruce Mau, 1995.

图 5：Van Eesteren & van Lohuizen, Bas Princen, Nanne de Ru. Research for Research. The Berlage Institute, 2002.

图 6：同上。

图 7：Simon Sadler. Archigram. The MIT Press, 2005.

图 8: Architektur ZentrumWien. The Austrian Phenomenon. Birkhauser Verlag AG, 2005.

1960 年代与 1970 年代的库哈斯

图 1：Bart Lootsma. …Koolhaas, Constant, and Dutch Culture in the 1960s. Hunch, the Berlage Institute Report, 1999(1):154.

图 2：Mark Wigley. Constant's New Babylon. 010 Publishers, Rotterdam, 1998.

图 3：同上。

图 4: 同上。

图 5: Matilda McQuaid, Envisioning Architecture, The Museum of Modern Art, New York, 2002.

图 6: Matilda McQuaid, Envisioning Architecture, The Museum of Modern Art, New York, 2002.

图 7

图 8: OMA, Rem Koolhaas and Rruce Mau. S, M, L, XL. The Monacelli Press, 1995.

图 9：同上

图 10: Jeffrey Kipnis, Perfect Acts of Architecture. New York：The Museum of Modern Art, 2001.

图 11: OMA, Rem Koolhaas and Rruce Mau, 1995.

图 12：Andrea Branzi, 1984.

图 13：同上。

图 14—图 16: Perter Lang & William Menking. Superstudio. Milan: Skira, 2003.

图 17：Andrea Branzi, 1984.

图 18：El Croquis 53+79, 1998.

图 19—图 22：Andrea Branzi, 1984.

图 23: Oswald Mathias Ungers. Artemis, 1994.

图 24：同上。

图 25：来自"1995 年的柏林"方案，Oswald

Mathias Ungers 主持。由 Pier Vittorio Aureli 提供。

图 26：同上。

图 27：OMA, Rem Koolhaas and Rruce Mau. S, M, L, XL. The Monacelli Press, 1995.

图 28：同上。

图 29：Oswald Mathias Ungers, 1994.

图 30—图 32: Architectural Design, 1977(5).

图 33—图 38：Rem Koolhaas, 1994.

图 39：Nathaniel Harris, 1994.

图 40—图 42：Rem Koolhaas, 1994.

图 43：Nathaniel Harris, 1994.

图 44：El Croquis 53+79, 1998.

图 45: Selim O. Khan-Magomedov. Pioneers of Soviet Architecture. Thames and Hudson, 1987.

图 46：同上。

图 47：同上。

图 48: OMA, Rem Koolhaas and Rruce Mau. 1995.

图 49：El Croquis 53+79, 1998.

图 50: OMA, Rem Koolhaas and Rruce Mau, 1995.

图 51：El Croquis 53+79, 1998.

图 52：同上。

图 53—图 57: Andrea Branzi, 1984.

图 58：Architecrural Review, 1977(1).

阴影的礼拜：评维尔·阿雷兹的建筑思想及背景

图 1—图 10：EL Croquis 85: Wiel Arets 1993-1997. 1997.

图 11—图 13：作者自摄。

图 14— 图 16：Alberto Ferlenga & Paola Verde. Dom Hans van der Laan. Amsterdam: Architectura & Natura, 2001.

从香山饭店到 CCTV：中西建筑的对话与中国现代化的危机

图 1—图 4: Carter Wiseman. I. M. Pei: A Profile in American Architecture. Harry N. Abrams, Inc. 2001.

图 5：来自 OMA.

图 6—图 7：作者自摄。

碎·灰空间·完成度

图 1：http://www.52-insights.com

图 2：http://hiveminer.com

图 3：http://www.wikiart.org

图 4：Brett Steele & Francisco Gonzalez de Canales. First Works: Emerging Architectural Experimentation of the 1960s &1970s. London: Architectural Association , 2009.

图 5：http://archiwatch.it

图 6：William Curtis, 1996.

图 7：[法] 皮埃尔　卡巴纳. 杜尚访谈录. 王瑞芸，译. 北京：中国人民大学出版社，2003.

图 8：http://veredes.es

图 9—图 11: http://dilandm.wordpress. com

惑与不惑：《设计家》访华南理工大学建筑系副教授朱亦民

图 1—图 8：朱亦民提供。

建筑师在做什么：有方 vs 朱亦民

图 1—图 3：图岸工作室提供。

图 4：作者自摄。

图 5：[美] 彼得·海斯勒（何伟），李雪顺. 江城. 上海译文出版社，2012.

图 6：来自 Lina Bo Bardi, Olivia de Oliveira, 2G Books, 2002.

图 7：同上。

图 8：Elisabetta, Andreoli & Adrian Forty. Brazil' s Modern Architecture. London: Phaidon, 2004.

图 9：同上。

图书在版编目（CIP）数据

后激进时代的建筑笔记 / 朱亦民著 . -- 上海：同济大学出版社，
2018.8
（当代建筑思想评论 / 金秋野主编）
ISBN 978-7-5608-7846-1
Ⅰ . ①后… Ⅱ . ①朱… Ⅲ . ①建筑学－文集 Ⅳ . ① TU-53

中国版本图书馆 CIP 数据核字 (2018) 第 090687 号

当代建筑思想评论 _ 丛书

后激进时代的建筑笔记

朱亦民 著

出 版 人：华春荣
策 划： 秦蕾 / 群岛工作室
责任编辑： 李争
责任校对： 徐逢乔
装帧设计： 付超
版 次： 2018 年 8 月第 1 版
印 次： 2018 年 8 月第 1 次印刷
印 刷：上海安兴汇东纸业有限公司
开 本： 889mm×1194mm 1/32
印 张： 7.75
字 数： 208 000
ISBN 978-7-5608-7846-1
定 价： 59.00 元
出版发行： 同济大学出版社
地 址： 上海市杨浦区四平路 1239 号
邮政编码： 200092
网 址： http://www.tongjipress.com.cn
经 销： 全国各地新华书店

光明城联系方式：info@luminocity.cn

luminocity.cn

光 明 城

L U M I N O C I T Y

"光明城"是同济大学出
版社城市、建筑、设计专
业出版品牌,由群岛工作
室负责策划及出版,致力
以更新的出版理念、更敏
锐的视角、更积极的态度,
回应今天中国城市、建筑
与设计领域的问题。